特种经济动物养殖致富直通车

# 长毛兔
## 高效养殖关键技术

高淑霞　杨丽萍　主编

U0381087

中国农业出版社

北　京

## 丛书编委会

主　任　马泽芳

委　员（以姓氏笔画为序）

王玉茂　王利华　王贵升　邢婷婷

孙海涛　李文立　李富金　林　英

姜八一　姜东晖　高淑霞　郭慧君

黄　兵　崔　凯　惠涌泉　温建新

谢之景　谭善杰　樊新忠

## 本书编写人员

主　编　高淑霞　杨丽萍

参　编　白莉雅　刘公言　孙海涛　樊新忠

黄　兵　姜八一　刘　策　姜文学

王文志　李燕舞　杨爱国　李明勇

陈春艳　王　勇

# 丛书序

　　近年来，山东省特种经济动物养殖业发展迅猛，已成为我国第一养殖大省。2016 年，水貂、狐和貉养殖总量分别为 2 408万只、605 万只和 447 万只，占全国养殖总量的 73.4%、35.4% 和 21.4%；兔养殖总量为 4 000 万只，占全国养殖总量的 35%；鹿养殖总量达 1 万余只。特种经济动物养殖业已成为山东省畜牧业的重要组成部分，也是广大农民脱贫致富的有效途径。山东省虽然是我国特种经济动物养殖第一大省，但不是强省，还存在优良种质资源匮乏、繁育水平低、饲料营养不平衡、疫病防控程序和技术不合理、养殖场建造不规范、环境控制技术水平较低和产品品质不高等严重影响产业经济效益和阻碍产业健康发展的瓶颈问题。急需建立一支科研和技术推广队伍，研究和解决生产中存在的这些实际问题，提高养殖水平，促进产业持续稳定健康发展。

　　山东省人民政府对山东省特种经济动物养殖业的发展高度重视，率先于 2014 年组建了"山东省现代农业产业技术体系毛皮动物创新团队"（2016 年更名为"特种经济动物创新团队"），这也是我国特种经济动物行业唯一的一支省级创新团队。该团队由来自全省的 20 名优秀专家组成，设有育种与繁育、营养与饲料、疫病防控、设施与环境控制、加工与质量控制和产业经济6大研究方向11位岗位专家，以及山东省、济南市、青岛市、潍坊市、临沂市、滨州市、烟台市、莱芜市8个综合试验站和1名联络员，山东省财政每年给予支持经费350万元。创新团队建立以来，专家们深入生产一线，开展了特种经济动物养殖场环境状况、繁殖育种现状、配合饲料生产技术、重大疫病防控现状、褪黑激素使用情况、屠宰方式、动物福利等方面的调查，撰写了调研报告17篇，发现了大量迫切需要解决的问题；针对水貂、狐、貉及家兔的光控、营养调控、疾病防治、毛绒品质和育种核心群建立等30余项技术开展了研究；同时对"提高水貂生产性能综合配套技术""水貂主要疫病防控关键技术研究""水貂核心群培育和毛皮动物疫病综合防控技术研究与应用""绒毛型长毛兔专门化品系培育与标准化生产"等6项综合配套技术开展了技术攻关。发表研究论文158篇（SCI 5篇），获国家发明专利16项、实用新型专利39项、计算机软件著作权4项，申报山东省科研成果一等奖1项，获得山东省农牧渔业丰收奖3项、山东省地市级科技进步奖10项、山东省主推技术5项，技术推广培训5万余人次等。创新团队取得的成果及技术的推广应用，一方面为特种经济动物养殖提供了科技支撑，极大地提高了山东省乃至全国特种经济动物的养殖水平，同时也为山东省由养殖大省迈向养殖强省奠定了基础，更为出版"特种经济动物养殖致富直通车"丛书提供了丰富的资料。

"特种经济动物养殖致富直通车"丛书包括《毛皮动物疾病诊疗图谱》《水貂高效养殖关键技术》《狐狸高效养殖关键技术》《貉高效养殖关键技术》《獭兔高效养殖关键技术》《长毛兔高效养殖关键技术》《宠物兔饲养100问》。本套丛书凝结了创新团队专家们多年来对特种经济动物的研究成果和实践经验，内容丰富，技术涵盖面广，涉及特种经济动物饲养管理、营养需要、饲料配制加工、繁殖育种、疾病防控和产品加工等实用关键技术；内容表达深入浅出，语言通俗易懂，实用性强，便于广大农民阅读和使用。相信本套丛书的出版发行，将对提高广大养殖者的养殖水平和经济效益起到积极的指导作用。

山东省现代农业产业技术体系特种经济动物创新团队

2018 年 9 月

# 目　录

## 第三章　长毛兔的营养需要及饲粮配制

## 第五章　长毛兔饲养管理

## 第六章 长毛兔的防疫及常见病防治

## 第七章 兔毛特性及加工

# 第一章
## 长毛兔的品种及生物学特性

### 一、长毛兔的品种

安哥拉兔是世界上最著名的毛用兔品种，也是已知最古老的家兔品种之一。传统认为，世界上的长毛兔只有一个品种，即安哥拉兔。事实上，除了安哥拉兔以外，还有狐狸兔等长毛兔品种。有关安哥拉兔的起源，早些时候认为其因原产自土耳其安哥拉城而得名；也有的认为起源于法国；后据调查考证，安哥拉兔起源于英国。1708年，在英国首次发现了从普通类型的兔中突变产生了长毛类型的兔，并以安哥拉山羊名字命名。18世纪中叶以后，安哥拉兔先后传入法国、美国、德国、日本等国家，各国根据不同的社会经济条件培育出了品质不同、特征各异的安哥拉兔。比较著名的有英系安哥拉兔、法系安哥拉兔、日系安哥拉兔、德系安哥拉兔、中系安哥拉兔等。

安哥拉兔最早于1926年引入我国，后期又陆续引进各系安哥拉兔。这些引入的不同品系在我国的长毛兔育种和生产中发挥了重要作用，为农户增收和地方经济的发展做出了重要贡献。我国长毛兔育种工作起始于新中国成立前后，改革开放以后，我国兔业科技工作者开展了富有成效的长毛兔育种工作，在 20 世纪 90 年代达到高峰，取得了令世界瞩目的发展和成就。在国内现已育成长毛兔品系（种）10 多个，如"唐行系"（上海），"皖Ⅰ系、Ⅱ系"（安徽），"珍珠系"（山东），"镇海巨高"（浙江），"苏Ⅰ系"，"浙系"和"皖Ⅲ系"等长毛兔新品种（系）。但这些长毛兔品种（系）除浙系长毛兔、皖系长毛兔通过国家畜禽新品种审定，苏Ⅰ系通过国家畜禽遗传资源鉴定外，多数只通过省级或更低等级的验收鉴定。这些长毛兔品种（系）的育成在一定程度上丰富了我国长毛兔遗传资源，为国内长毛兔的生产和发展做出了重大贡献（陈胜等，2013）。

## （一）国外引进的长毛兔品种（系）

**1. 德系安哥拉兔**　产于德国，是安哥拉兔中产毛性能最为优良的细毛型品系，细毛含量高达 95% 或以上。德系安哥拉兔体型较大，成兔体重一般为 4.0～4.5 千克，高者可达 5 千克以上。德系安哥拉兔被毛密度大，有毛丛结构，毛纤维的波浪形弯曲明显，不易缠结，产毛量较高。平均年产毛量 1 000～1 350 克，最高可达 2 000 克。

德系安哥拉兔（图 1-1、图 1-2）的体型外貌表现不一致，主要表现在头型上，有的略圆，有的偏尖削。额部和颊部有的毛短，有的密生长绒毛，俗称"狮子头"。大部分耳背无毛，仅耳尖有绒毛向外飘逸，俗称"一撮毛"；少数耳背长有长毛，俗称"全耳毛"；也有半耳毛。四肢、趾间、脚底密生绒毛，形似"虎爪"。两耳中等偏大、竖立。该兔肌肉结实，胸背发育良好，背线平直，腹部柔软而不下垂，四肢强壮有力。公兔睾丸发育良好，母兔有效乳头 4～5 对。主要缺点是繁殖性能较低，配种比较困难，初产母兔母性较差。

图 1-1  德系长毛兔公兔（赵辉玲 提供）

图 1-2  德系长毛兔母兔（赵辉玲 提供）

德系安哥拉兔 1978 年被引入我国，是我国长毛兔群体中产毛性能较为优良的类群。我国是德系长毛兔推广和应用最多的国家。

德系安哥拉兔被引入我国以后，经过几十年的风土驯化和选种选育，其产毛性能、繁殖性能、适应性等均有很大提高，并在改良中系安哥拉兔、长毛兔杂交选育以及新品种品系的培育过程中起到了非常重要的作用。据山东省农业科学院畜牧兽医研究所和临沂长毛兔研究中心（1986—1988 年）测定，在我国良好的饲养管理条件下，德系安哥拉兔 8 月龄体重可达 3.6～4.3 千克，成年兔年产毛量 1 000～1 500 克；料毛比公兔为（50～55）∶1，母兔为（45～50）∶1；窝均产仔 6.73 只，最高可达 15 只。据 2007 年江苏省资源调查报告，德系安哥拉兔年估测产毛量平均达 1 200 克，成年兔粗毛率在 5% 左右，粗毛长度为 7～11 厘米，细毛长度为 5～6 厘米，粗毛细度为 41～43 微米，细毛细度为 13～14 微米，被毛密度为 12 000～15 000 根/厘米$^2$，细毛强度为 2.48 克，细毛伸度为 40%。

**2. 法系安哥拉兔** 成年兔体重 4～4.5 千克，平均年产毛量 800～900 克，最高达 1 300 克。粗毛含量高，可达 15% 以上，属粗毛型长毛兔。毛密度比德系安哥拉兔低，毛质较粗，毛纤维波浪弯曲不明显，不缠结，毛质好，适合以拉毛方式采毛。

法系安哥拉兔（图 1-3）体型粗重，体格健壮，适应性强，其外貌与德系安哥拉兔相似，主要区别是头、脸、耳无长毛，耳大而薄，俗称"光耳板"。四肢毛短少，骨骼粗壮，耐粗饲，繁殖力高，泌乳性能好。据浙江省新昌县长毛兔研

图 1-3　法系安哥拉兔（刘汉中 提供）

究所对 2007 年引入的法系安哥拉兔的初步观察测定，在当地饲养和采用人工授精技术的条件下，平均年产 3～4 胎，受胎率 60％左右，平均窝产仔数 6～8 只，42 日龄断奶时选留 5 只，平均体重 1.1 千克。成年兔 73 天养毛期的年估测产毛量平均为 1 350 克，粗毛率平均为 31.1％。

我国于 20 世纪 20 年代开始引进饲养法系安哥拉兔，但大多作为观赏动物流落民间。直到 20 世纪 80 年代初，我国又先后引进了一些法系安哥拉兔，主要分布在山东、江苏、浙江、安徽等地。进入 21 世纪，为适应我国长毛兔粗毛市场的兴起与发展，以及粗毛型长毛兔新品种培育的需要，2007 年在农业部的支持下，浙江省新昌县万盛源兔业有限公司种兔场从法国引进了一批法系安哥拉兔。法系安哥拉兔在我国的粗毛型长毛兔选育中发挥了重要作用，20 世纪八九十年代，浙江、江苏、安徽等省的农业科学院开始选育自己的粗毛型长毛兔，并进行了推广，促进了我国粗毛型兔毛的生产。

我国曾引进的安哥拉兔还有英系、日系和丹麦系等，因其产毛性能不高，在我国分布不多甚至绝迹，这里不作介绍。

### （二）我国培育的长毛兔品种（系）

**1. 中系安哥拉兔** 20 世纪 20 年代后期，我国先后由国外引入英系、法系安哥拉兔。新中国成立后，我国人民在英系、法系安哥拉兔杂交的基础上，掺入中国白兔的血统，经长期选育，形成了中系安哥拉兔，代表类型是全耳毛狮子头，简称全耳毛兔。

中系安哥拉兔（图 1-4）的主要特点是适应性强，耐粗饲，繁殖力高，绒毛品质好。其外貌特征为头毛丰盛，耳毛浓密，被毛腹毛齐全；周身如球（因从侧面看如毛球状），双耳如剪，两眼如珠，脚强壮有力如虎爪。中系安哥拉兔的主要缺点是体型较小，成年兔体重仅为 2.5～3.0 千克；产毛量低，年产毛量仅为 200～300 克。

图 1-4　中系长毛兔（杨正，1999）

　　为了提高中系安哥拉兔的产毛量和拉大其体型，1982年，受江苏省科学委员会委托，南京农业大学徐汉涛教授和吴江县养兔协会对中系安哥拉兔进行本品种选育。该选育历经 3 年多，效果明显，成年兔体重达 3 千克，产毛量达到 500 克以上。

　　20 世纪 80 年代初，张家港市沙洲县多管局用德系安哥拉兔改良中系安哥拉兔，取得了较好的效果，德×中一代杂交兔年产毛量达 500～600 克，德×中级进二代杂交兔年产毛量达 600～800 克。

　　由于德系安哥拉兔的引进和推广，纯种中系安哥拉兔几近绝迹。

**2. 浙系长毛兔** 是由嵊州市畜产品有限公司联合宁波市巨高兔业发展有限公司、平阳县全盛兔业有限公司培育而成。系采用多品种杂交选育，并经种群选择、继代选育、群选群育、系统培育等技术，结合良种兔人工授精配种繁殖及其他扩大良种兔群等技术措施，经过4个世代选育形成的拥有嵊州系、镇海系、平阳系3个品系的浙系长毛兔新品种。2010年7月，浙系长毛兔正式通过了国家畜禽遗传资源委员会的新品种审定。

浙系长毛兔（图1-5）体型长大，肩宽，背长，胸深，臀部圆大，四肢强健，颈部肉髯明显；头部大小适中，呈鼠头或狮子头形，眼红色，耳型有半耳毛、全耳毛和一撮毛3个类型；全身被毛洁白、有光泽，绒毛厚、密，有明显的毛丛结构，颈后、腹毛及脚毛浓密。

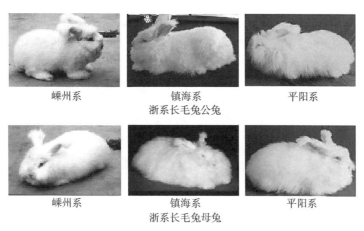

嵊州系　　　　　　镇海系　　　　　　平阳系
浙系长毛兔公兔

嵊州系　　　　　　镇海系　　　　　　平阳系
浙系长毛兔母兔

图1-5　浙系长毛兔（麻剑雄 提供）

浙系长毛兔成年兔（11月龄）体长公兔54.2厘米、母兔55.5厘米；成年兔胸围公兔36.5厘米、母兔37.2厘米。

其各系主要生产性能见表 1-1 。繁殖性能：胎平均产仔数
（6.8±1.7）只，3 周龄窝重（2 511±165）克，6 周龄体重
（1 579±78）克（钱庆祥等，2011）。

表 1-1　浙系长毛兔生产群主要生产性能测定

| 品系 | 性别 | 样本数<br>（只） | 体重<br>（克） | 年产毛量<br>（克） | 粗毛率<br>（%） |
|------|------|------|------|------|------|
| 嵊州系 | 公 | 150 | 5 290±402 | 2 102±245 | 4.3±0.3 |
|  | 母 | 900 | 5 467±371 | 2 355±230 | 5.0±0.4 |
| 镇海系 | 公 | 150 | 5 495±437 | 1 963±246 | 7.3±0.3 |
|  | 母 | 600 | 5 648±439 | 2 185±235 | 8.1±0.4 |
| 平阳系 | 公 | 120 | 4 905±444 | 1 815±148 | 20.8±1.6 |
|  | 母 | 600 | 5 112±434 | 1 996±136 | 26.3±1.7 |

　　**3. 皖系长毛兔**　是安徽省农业科学院通过德系长毛兔
和新西兰白兔两品种间杂交以及连续 20 余年的系统选育，
成功培育而成。2010 年 8 月，皖系长毛兔正式通过了国家
畜禽遗传资源委员会的新品种审定。

　　皖系长毛兔（图 1-6、图 1-7）体型中等，成年公兔体

图 1-6　皖系长毛兔母兔（赵辉玲 提供）

图 1-7　皖系长毛兔公兔（赵辉玲 提供）

长、胸围和体重分别为 48～52 厘米、30～33 厘米和
4 150～4 250 克，成年母兔体长、胸围和体重分别为 51～
56 厘米、33～37 厘米和4 250～4 400 克。体躯匀称、紧凑。
胸宽深，背腰宽而平直，臀部钝圆，骨骼粗壮，四肢强健。
头圆、中等大，两耳直立，耳尖毛少或有一撮毛，眼睛红
色，大而亮。全身被毛洁白、浓密而不缠结，脚毛丰厚。产
毛率、松毛率分别为 29.29% 和 97.87%。繁殖性能中等，
平均胎产仔数 7.21 只。

## 二、长毛兔的生物学特性

### （一）长毛兔的行为特性

**1. 昼伏夜出**　长毛兔有白天休息、夜间活动的行为特
性。长毛兔的祖先野生穴兔生活在野外，体格弱小，如果白
天外出觅食，往往会被大型食肉动物猎食，因此穴兔常在夜
间外出寻找食物，久而久之，形成了昼伏夜出的行为特性。
长毛兔仍保留着这一行为特性，白天兔除了采食和饮水外，

多数时候趴在笼子的一隅，眼睛半睁半闭地休息或睡眠，傍晚时分开始兴奋，活动量增加，采食和饮水次数也变得频繁。据测定，长毛兔在自由采食的情况下，其夜间的采食量和饮水量可占到全天的70％左右，而且在夜间的配种受胎率和产仔数也高于白天。在炎热的夏季和昼短夜长的冬季，长毛兔的这种行为特性尤其突出。长毛兔养殖者应根据这一行为特性，合理安排饲养管理日程，白天让长毛兔安静休息，夜间为其提供充足的饲草和饮水。

**2. 胆小怕惊** 长毛兔有胆小怕惊的特性，遇到突然的声响，比如，陌生人的接近、动物（猫、犬、鼠、鸡等）的闯入和狂叫声、闪电雷鸣、鞭炮爆炸声等，都会使长毛兔受到惊吓。受到惊吓的长毛兔精神高度紧张，在兔笼内狂奔乱窜，呼吸急迫，心跳加快，并用后足猛烈顿击笼底，这种顿足声响进而引起周围或全群长毛兔惊慌。这种应激如果过度强烈，会造成严重后果，例如，受惊吓的长毛兔因在兔笼中狂奔乱撞导致受外伤甚至死亡，妊娠长毛兔可发生流产、早产，分娩母兔停产、难产、死产，哺乳母兔拒绝哺乳、泌乳量下降甚至踩踏或咬死、吃掉仔兔等，幼兔可能会出现消化不良、腹泻、胀肚，并影响生长发育或诱发其他疾病。

**3. 喜干燥爱清洁** 长毛兔喜欢生活在干燥清洁的环境中，因为干燥清洁的环境有利于长毛兔的健康和生长发育，以及提高兔毛质量。长毛兔抵抗力较弱，潮湿污秽的环境易于各种细菌、真菌、寄生虫的滋生繁衍，因此会导致其感染疾病，比如疥癣病、皮肤真菌病、肠炎、球虫病、脚皮炎等，往往给生产造成很大损失。潮湿污秽的环境会导致兔毛产量下降，等级降低。兔毛吸湿性强，潮湿的环境还易造成兔毛结毡，兔毛养成后期尤其严重，不仅给日常管理带来很大麻烦，而且产毛量也会降低；污秽的笼具还会使兔毛受到污染，使其品质下降。根据长毛兔的这一特性，在建造兔舍时应注意选址，选择地势高燥、通风良好的位置，避开低洼潮湿处；同时应加强日常管理，保持兔舍空气通风良好、笼具洁净以及饲料和饮水的卫生。干燥和清洁的环境是养好长毛兔的保障。

**4. 耐寒怕热**　众所周知，长毛兔被毛浓密，汗腺退化，体温调节能力差，呼吸散热是其主要体温调节方式，但由于长毛兔的胸腔比例较小，肺不发达，所以其靠呼吸维持体温的能力有限。因此，长毛兔惧怕炎热而较耐严寒。

长毛兔最适宜的环境温度为 $15\sim25$ ℃，临界温度为 5 ℃和 30 ℃。当环境温度低于或高于临界温度时，长毛兔的健康都会受到影响。尤其是高温的危害性远远超过低温。长毛兔在高温环境下，其呼吸、心跳加快，采食量减少，生长缓慢，精液品质急剧下降，在我国南方地区表现突出。如果夏季兔舍通风降温不好，有可能导致长毛兔中暑，对妊娠长毛兔的影响尤为严重。而低温环境下，长毛兔可以通过增加采食量来维持生命活动和正常体温，但过低的环境温度也会造成长毛兔幼兔生长缓慢、饲料报酬降低，影响产毛量和繁殖率，导致经济效益下降。

初生仔兔浑身无毛，特别怕冷，其体温调节能力随年龄的增长逐渐增强。对于刚出生的长毛兔仔兔来说，其最适宜的环境温度为 33 ℃左右，因此为仔兔提供适宜的环境温度是提高仔兔成活率的关键。

**5. 同性好斗**　成年长毛兔的群居性很差，年龄较小的长毛兔喜欢群居，原因是在群居条件下可以相互壮胆和取暖，有利于生长发育。随着年龄的增长，其群居性越来越差并表现为同性好斗的特性。两只以上的成年长毛兔尤其是雄性长毛兔如果饲养在一个笼内，经常会发生咬斗甚至是较为激烈的战斗。根据长毛兔的这一特性，在日常的饲养管理中，应将成年长毛兔单笼饲养。

**6. 啮齿行为** 长毛兔的第一对门齿是恒齿，出生时就有，永不脱换，而且不断生长。如果长毛兔的门齿处于完全生长状态，下门齿每年生长约 12.5 厘米，上门齿每年生长约 10 厘米。因此，长毛兔必须通过采食和啃咬硬物来不断地磨损门齿，才能保证其上下门齿的正常咬合。长毛兔这种不断借助啃咬硬物磨牙的习性，称为啮齿行为。

根据长毛兔的这一特性，在平时的饲养管理中应注意：笼具及其附属设施的配备要采用结实耐用的材料，比如兔笼采用镀锌铁丝网、不锈钢等材质，饲料盒使用铁皮、搪瓷等材料，避免被长毛兔啃咬破坏；另外，长毛兔的饲料要做成颗粒饲料，有一定的硬度，以便让长毛兔在采食时啃咬磨牙。

生产中会发现有的长毛兔的门齿不断生长，长出口腔甚至弯曲。这是由于遗传或饲料的原因引起的。长毛兔有一种下颌颌突畸形的遗传病，是由染色体上的一个隐性基因控制的，其症状是颅骨顶端尖锐，角度变小，下颌颌突畸形，下颌向前推移，使第一对门齿不能正常咬合，但这种病发病率很低。如果饲料过软，也会影响长毛兔磨牙，导致门齿过度生长。如果发现长毛兔的门齿过度生长，应及时修剪，以免影响采食，同时找出原因，采取相应措施。由遗传因素引起门齿异常的长毛兔，不能留作种用。

## （二）长毛兔的采食和消化特性

**1. 长毛兔的草食性特点**　长毛兔属于单胃草食小动物，食物以植物性饲料为主，喜食植物的茎、叶、块根、籽实，不喜欢鱼粉、肉骨粉等动物性饲料。长毛兔日粮中动物性饲料所占比例不宜过高，一般不超过 5%，否则会影响长毛兔食欲。长毛兔喜欢吃多叶、多汁饲料，如苜蓿、燕麦、三叶草、猪尾草、鲜嫩地瓜秧、花生秧、胡萝卜、萝卜等饲草。长毛兔喜食有一定硬度的颗粒饲料，不喜食粉料。颗粒饲料的利用率高。长毛兔喜欢小粒的大麦、小麦、黑麦和燕麦，而不喜欢大粒的玉米。

**2. 长毛兔的消化特点**

（1）特异的口腔构造　长毛兔特异的口腔构造，使长毛兔善于啃咬。长毛兔的牙齿是典型的草食动物齿式，门齿呈凿型，无犬齿，臼齿发达，便于磨碎植物性饲料。长毛兔的上唇从中线裂开，形成豁嘴，使门齿易于暴露，便于啃食接近地面的矮短饲草和啃咬树皮。长毛兔的上门齿有两对，表面有坚固的牙釉质，便于切断坚硬的食物。

（2）发达的肠胃器官　长毛兔的胃容积较大，呈袋状，占消化道总容积的 36%～38%，但胃壁较薄，收缩力弱，且幽门的开口位于胃的上部，导致胃中食糜的排出比较困难，要靠饲料的不断摄入所产生的压力将食物挤排出。

长毛兔具有发达的小肠和大肠，两者总长度约 5 米，相当于兔体长的 10 倍。结肠与盲肠也很发达，盲肠的长度与体长接近，其内繁衍着庞大的微生物群系，能够充分酵解粗纤维。长毛兔的回肠与盲肠相接处膨大起来一个厚壁的圆小囊，其发达的肌肉组织和丰富的淋巴滤泡，参与食物营养的消化吸收，并维持盲肠微生物适宜的生存环境。

（3）独特的食粪习性　长毛兔白天排出的是硬粪，是最终排泄物，营养成分很低。夜间排出的是软粪，含有大量经盲肠发酵而又未被吸收的蛋白质和维生素，一经排出就被长毛兔自己直接从肛门吃掉。软粪来源于盲肠，呈暗色、串状并带有包膜，富含氨基酸和 B 族维生素等多种营养物质。兔的食粪量只占排粪量的 26% 左右，从软粪中吸收的养分虽只占其吸收的营养物的 5%～8%，但在整个消化吸收过程中却非常重要。长毛兔通过吞食软粪，大量生物学价值高的微生物蛋白、必需氨基酸、B 族维生素和维生素 K 得到补充，并基本满足长毛兔对 B 族维生素和维生素 K 的需要。

长毛兔发达的消化系统和独特的食粪习性，使其能充分地利用粗饲料中的纤维、蛋白质。粗纤维消化率为 65%～78%，粗蛋白为 70%～80%。粗纤维是长毛兔能量主要来源，而且对于兔的消化特点，粗纤维是必需的，否则会破坏消化道微生物平衡，引起消化紊乱。如果日粮中粗纤维低于 6%，就有增加腹泻的趋势。但饲粮粗纤维水平过高，会加快食糜在消化道中的排空速度，从而降低动物对淀粉、蛋白质、脂肪和矿物质的回肠表观消化率，影响其他营养物质的吸收，降低饲料可利用能值，也会增加长毛兔消化道内源蛋白质、脂肪和矿物质的损失等。

## （三）长毛兔的繁殖特性

**1. 双子宫型**　母兔的生殖器官比较特殊，不像其他家畜的子宫明显地分为子宫角和子宫体，两侧子宫角在子宫体处合成一体，并由一个子宫颈开口于阴道，而是有两个完全分离的子宫，称双子宫型，子宫角与子宫体没有明显的界线，相当于两个子宫角分别开口于阴道底部，由韧带固定。交配或输精后，精子分别进入两侧的子宫角，再进入输卵管，并在输卵管上的 1/3 处膨大部与卵子相遇完成受精过程。受精卵分别附植在同侧的子宫角里，逐渐发育成胎儿。

由于长毛兔母兔特有的双子宫，其每侧子宫中附植的胚胎数不一定相等，有的甚至相差悬殊。

**2. 诱发排卵** 长毛兔属于刺激性排卵的多胎哺乳动物。母兔在发情期，必须经过公兔交配刺激或激素刺激后，隔 10～12 小时才能排卵。母兔一次排卵较多，产仔数量可达几只到十几只。生产中可以利用母兔的这一特性进行定时配种。

**3. 发情周期不固定** 长毛兔的发情周期波动范围比较大，短者 1 周，长者 2 周左右。虽然母兔卵巢上的卵泡在不断地成熟与萎缩，但在发情期内成熟的卵泡还是比较多的，所以应尽量控制在发情期内配种，以期获得比较高的受胎率。

母兔怀孕期 29～30 天。产仔后的母兔可在 12～24 小时内血配，进行频密繁殖，也可半个月左右配种，或仔兔断奶后再配种。生产中可依据季节、母兔体况及仔兔数量与生长发育情况等合理制订配种计划。

**4. 公兔生殖器官的特点** 长毛兔公兔生殖器官的主要特点是其一生中睾丸位置的变化。在胎儿期，睾丸位于腹腔内，附着于腹壁。1～2 月龄幼兔的睾丸下降到腹股沟管内，大约 2.5 月龄时，睾丸下降到阴囊内，从体表可以摸到成对的睾丸。公兔两个睾丸相距较远，睾丸进出腹腔的两个鼠蹊孔较大，可以自由出入腹腔，这对维持睾丸稳定温度很有利。另外，公兔兴奋时能将睾丸收缩到腹腔内，此时不要误认为是隐睾，用手轻轻压迫腹部可将睾丸挤回到阴囊位置。

### （四）长毛兔的换毛特性

长毛兔的被毛生长、老化、脱落并被新生毛代替的循环过程，称为换毛。换毛分年龄性换毛和季节性换毛。

**1. 年龄性换毛**　在长毛兔的一生中共有两次。第一次是在 30～100 日龄，第二次是在 130～190 日龄。在两次年龄性换毛之外，就按季节性规律进行换毛。

**2. 季节性换毛**　是指长毛兔为了适应季节变化，每年春秋两季换毛。春季换毛在 3—4 月，秋季在 9—11 月。换毛期间要加强营养，细致管理，给予丰富的蛋白质饲料和优质的牧草，不致换毛时间延长，影响生产。长毛兔剪毛时间应尽可能与其季节性换毛时间吻合。

### （五）长毛兔的生长发育特性

长毛兔仔兔初生体重约 50 克，全身粉红色，裸露无毛，闭眼，只能挪动觅奶。3～4 天长出绒毛，10～12 天睁眼，能爬产仔箱，对食物与环境表现出好奇与探索。20 日龄左右开始吃食。30 日龄时全身被毛基本形成。仔兔出生后生长发育很快，1 周龄体重可增加 1 倍，4 周龄长到成年兔的 12%，8 周龄达到成兔体重的 40%。8 周龄生长速度达到高峰，之后减缓。

断奶前仔兔以母乳为主食，母兔的泌乳量和哺乳仔兔数决定了每只仔兔的吃奶量，也就决定了增重速度。断奶后增重取决于补料的早晚、饲料的类型、营养和饲养管理水平。掌握仔幼兔的生长规律，便于精心护理，及时调整日粮，有利于提高长毛兔的生产性能。

# 第二章
# 长毛兔的遗传与繁育

## 一、遗传育种基本概念和规律

在影响长毛兔生产的诸多要素中，品种或种群的遗传素质起着主导作用，因而长毛兔种群的遗传改良是提高养兔生产效率的关键。长毛兔的遗传育种可以理解为根据遗传学原理、市场需求和生产需要，持续开发利用现有的长毛兔品种资源，培育出性能优良的新品种、品系和专门化品系，或者在现有种群中通过选种选配、建立良种繁育体系、筛选杂交组合或培育配套系，使群体得到不断改良和优化利用，为长毛兔生产提供高产优质而且合乎规格的品种，从而提高生产效率和经济效益。

### （一）质量性状的遗传

所谓质量性状是指性状的变异可区分成若干种相对性状，并可分别以形容词描述，如毛色有白色、黑色和黄色等颜色。质量性状的遗传一般符合遗传学基本规律，即分离规律、自由组合规律和连锁互换规律。

**1. 长毛兔被毛形态的遗传** 家兔的被毛有标准被毛、安哥拉被毛和力克斯被毛3种常见类型。常见肉兔和兼用型兔品种的被毛为标准被毛，长毛兔为安哥拉被毛，獭兔为力克斯被毛。标准被毛的毛丛长度为2.5～4.0厘米，由绒毛、两型毛和枪毛组成，标准被毛由 $L$ 基因控制。安哥拉被毛是标准被毛的突变型，由 $l$ 基因控制，由于基因突变导致毛囊活动期改变：从标准被毛的5～7周延长到12～16周，其结果是绒毛特别长，随养毛周期不同可达5～12厘米，粗毛较少且夹杂在绒毛中，起着隔离绒毛、防止绒毛结块的作用。$L$ 基因和 $l$ 基因是同一位点的2个等位基因，$L$ 为显性基因，$l$ 为隐性基因，标准被毛对安哥拉被毛呈完全显性。

**2. 毛色遗传** 家兔的毛色多种多样，例如，常见的长毛兔和新西兰白兔的毛色是白化类型；青紫蓝兔是胡麻色；德国花巨兔呈黑白花色，力克斯兔更是具有白色、咖啡色、黑色、蓝色等多种毛色，兔的被毛之所以能表现出各种颜色，是因为有色素存在，这种色素物质统称为黑素。实际上黑素可以分为两类：一类为褐黑色素，它是圆形红色色素颗粒，很容易被碱性溶液所溶解；另一类称为常黑色素，它又可分为黑色和棕色两种色素类型，这些色素的可溶性要比褐黑色素小得多。家兔经典毛色的遗传规律已基本研究清楚，一种毛色通常受1～2对主要基因控制，呈显隐性或上位性关系，也可受到其他毛色基因的修饰。控制家兔毛色的基因位点主要有10个，至少6个基因位点已研究明确，并可借助分子遗传学手段进行基因型检测和纯化（表2-1）。

表2-1 家兔常见毛色基因与作用

| 基因 | 作用 | 显隐性关系 |
| --- | --- | --- |
| $A$ 基因（刺鼠信号蛋白基因，$ASIP$） | $A$ 基因为野鼠色基因，该基因使一根毛纤维呈现出基部深—中段浅—尖部深的颜色特征 | $A>a^t>a$ |

| 基因 | 作用 | 显隐性关系 |
|---|---|---|
| A 基因<br>（刺鼠信号蛋白<br>基因，ASIP） | a 基因为非野鼠色基因，整根毛纤维呈现单一颜色 | A>a^t>a |
| | a^t 基因决定黑色和黄褐色被毛，背部黑色或褐色，眼圈和腹部白色，腹部两侧及尾下黄褐色 | |
| B 基因（酪氨酸<br>酶相关蛋白 1<br>基因，TYRP1） | B 基因的作用是产生黑色毛 | B>b |
| | b 基因的作用是产生褐色毛 | |
| C 基因<br>（酪氨酸酶基因，<br>TYR） | c 基因为白化基因，纯合时能阻碍一切色素的形成，致使全身被毛白色，眼睛为红色 | C>c^chd><br>c^chm>c^chl><br>c^h>c<br>其中 c^chl 基因<br>对 ch 和 c 呈<br>不完全显性 |
| | c^chd 基因产生深色青紫蓝（胡麻色），能消除毛纤维上黄色部分，使之变为白色 | |
| | c^chm 基因产生浅色青紫蓝毛色，不仅有消除黄色的作用，而且还能使黑色变淡 | |
| | c^chl 基因不具有消除黄色的作用，但使黑色变淡的能力比 c^chm 基因强，产生淡色青紫蓝 | |
| | c^h 是喜马拉雅型白化基因，能把色素限制在身体末梢部位，呈两耳、鼻、尾、四脚 8 黑特征 | |
| | C 基因作用使整体毛色一致 | |
| D 基因<br>（黑素亲合素<br>基因，MLPH） | D 基因无淡化色素的作用 | D>d |
| | d 基因有淡化色素的作用，使黑色淡化为蓝色，黄色淡化为奶油色，褐色淡化为淡紫色 | |
| Si 基因 | Si 基因不表现银色毛被 | Si>si |
| | si 基因纯合时家兔表现为黑、白毛纤维间杂的银色毛被（银狐兔、银色香槟兔） | |

長毛兔高效养殖关键技术

20

| 基因 | 作用 | 显隐性关系 |
|---|---|---|
| $Du$ 基因 | $du$ 基因作用是产生面、耳及后躯为黑色，口、鼻、额、前肢、胸、颈及后肢端部为白色的荷兰兔毛色特征 | $Du>du^d$；$Du>du^w$；$du^d$ 和 $du^w$ 为不完全显性 |
| | $Du$ 基因作用是不产生荷兰兔毛色 | |
| $En$ 基因（酪氨酸蛋白激酶基因，$KIT$） | $En$ 是白底黑斑基因，被毛底色为白色，耳、眼圈、嘴部为黑色，有锯齿状不连续的黑色背线，体侧散布黑斑 | $En>en$ |
| | $en$ 基因作用是全身产生同一颜色；杂合基因型个体背部的锯齿状黑带变宽 | |
| $E$ 基因（黑皮质素1受体基因，$MC1R$） | $E^D$ 基因有使黑色素扩散的作用，加深了野鼠色毛的中段毛色，使整个被毛呈铁灰色 | $E^D>E^S>$ $E>e^j>e$ |
| | $E^S$ 基因的作用与 $E^D$ 相似，但作用较弱，产生浅铁灰色被毛 | |
| | $E$ 基因的作用是产生野鼠色被毛 | |
| | $e^j$ 基因产生黄色和黑色毛嵌合被毛，形成一条黑带、一条黄带的虎斑型毛色 | |
| | $e$ 基因能抑制深色素形成，使被毛呈黄褐色 | |
| $V$ 基因 | $V$ 基因不表现维也纳白兔特点 | $V>v$；$V$ 对 $v$ 呈不完全显性关系，杂合个体为白鼻或白脚的有色兔 |
| | $v$ 基因能抑制被毛出现任何颜色，使家兔产生白色被毛，同时还能限制虹膜前壁的色素，使具有 $vv$ 基因型的个体表现为蓝眼白毛 | |
| $W$ 基因 | $W$ 基因作用是使野鼠色毛纤维中段的黄色区域宽度正常 | $W>w$ |
| | $w$ 基因能使野鼠色兔毛纤维中段的黄色区域宽度加倍，结果产生比正常野鼠色更浅的毛色 | |

### 3. 遗传缺陷与遗传病

（1）侏儒　表现为异常矮小，系生长发育受阻所致，甚至出现畸形。导致侏儒兔的基因有多种，其中垂体型侏儒基因已发现3种：$Dw$、$nan$ 和 $zw$，其中 $Dw$ 为半显性基因，其纯合子（$Dw/Dw$）为侏儒兔，杂合子（$Dw/dw$）为正常体型的 2/3 大小，$nan$ 和 $zw$ 基因均为隐性致死基因，其隐性纯合子在出生时只有正常仔兔 1/3 大小，一般在出生后48 小时内死亡。

（2）垂耳　垂耳属多基因遗传。有些因耳朵过大，较重而下垂，称为正常的垂耳，法国公羊兔即属此类；有些耳不过大而下垂，称异常的垂耳，通常被认为属不良耳型，尽管不影响生长发育和生产性能，但不符合品种特征，因而也被列为淘汰对象。需要注意某些管理和疾病原因可以导致垂耳，要与遗传性垂耳相区别。

（3）牛眼　又称水肿眼，家兔眼睛像牛眼那样圆睁而突出于眼眶之外，由位于常染色体的隐性基因 $bu$ 所控制。牛眼基因还可导致患兔的视力减退和性机能降低，并与白化基因 $c$ 呈不完全连锁，故常在白化兔中出现。

（4）内障　分为两种：隐性基因 $Cat-1$，纯合时双眼都发生内障；半显性基因 $Cat-2$，杂合时一侧眼睛发生内障。患病家兔在出生时其眼球晶体后壁就发现有轻微的混浊，至5～9 周龄时晶体发展为完全混浊。

（5）象牙　又称下颌颌突畸形，因上、下门齿错位无法正常磨损而越长越长，呈象牙状。严重者，如不修剪可导致患兔无法进食而饿死。其遗传受常染色体上隐性基因 $mp$控制。

（6）划水　也称为遗传性远侧前肢弯曲畸形，患兔以胸部着地，前肢向身体两侧平伸，前后划动而滑行，形似水中游泳，所以称之为划水。由常染色体隐性基因 $fc$ 控制，在兔群中较常见。有人认为是兔笼底竹片与笼门平行，因竹片较滑而引起的幼兔前肢骨骼损伤，对此应予认真鉴定。

（7）"八"字腿　与划水近似但更严重，常常是四肢外展、腹部着地，几乎不能行走，由髋关节和肩关节的软骨发育不全所致，属常染色体隐性遗传，较常见。

（8）震颤　又称抖抖病，患兔经常性地身体和头部颤抖，尤其受到惊吓后震颤加剧，多数兔在 2～3 月龄因虚弱、瘫痪而死亡。震颤受常染色体隐性基因 $tr$ 控制。

长毛兔育种应重视遗传疾病的危害，要特别注重对有害基因的识别和淘汰。当群体中出现遗传缺陷长毛兔时，应通过系谱分析确定不良基因携带者，避免携带不良基因的长毛兔留种。

## （二）数量性状的遗传

数量性状是指个体间性状表现的差异只能用数量来区别，变异是连续的。长毛兔与经济价值有关的性状大多数属于数量性状，比如初生重、断奶重、饲料报酬、产毛量、毛品质、受胎率、产仔数和泌乳力等。一般认为数量性状是由许多效应微小的基因控制的，这类性状的遗传调控和表达机制比较复杂，通常用统计学意义的遗传参数反映其总体遗传特征。

遗传力是数量性状最重要也是最有实用价值的遗传参数。它是指在数量性状的表型变异中，遗传效应所占的比例。由于数量性状的表型值是由遗传因素和环境因素共同决定的，由环境决定的部分不能遗传，而在由遗传因素决定的部分中加性效应是可以真实遗传的。从育种的角度看，考虑的是可以遗传的部分，那么遗传力就说明了某一数量性状受遗传决定的程度。性状遗传力决定了育种工作中应采用哪种方法对某一数量性状进行有效选择。对于遗传力高的性状，一般采用个体表型选择就可获得较好的选择效果。对于遗传力低的性状，则适用于家系选择的方法。

**1. 繁殖性状** 多数繁殖性状的遗传力较低，通过选择取得遗传改进的难度较大。母兔繁殖性状多为中低水平的遗传力，遗传力中等的仅是依赖于母兔基因型的性状，如性成熟时间、妊娠期时间、产仔间隔等，其遗传力一般为0.3左右。而诸如产仔数、受胎率、窝重等则是公母兔与胚胎基因型相互作用的结果，遗传力一般较低，难以取得选择进展。公兔精子活力、性欲和睾酮水平的遗传力较低（0.13~0.19），选择效果不明显。

**2. 生长发育** 生长发育多为中等遗传力。早期增重能力与早期体重是育种中的重要性状，体重增重与体型外貌、繁殖性能等性状存在显著相关，但大体型的长毛兔个体往往存在公兔性欲和精子活力差、母兔生殖发育差和受胎率低等问题。

**3. 毛用性状** 产毛量一般为中等或高遗传力，且随着毛次的增加，遗传力呈下降趋势。剪毛后体重一般为高遗传力，且高于产毛量的遗传力。毛纤维直径、被毛密度、被毛长度和粗毛率等评估毛纤维品质的性状一般为高遗传力，料毛比一般也为高遗传力。综上，长毛兔毛用性状一般都为高遗传力性状，在育种中选择进展较快（表2-2）。

表 2-2  产毛性能的遗传力

| 性状 | 均值 | 估值范围 | 性状 | 均值 | 估值范围 |
|------|------|----------|------|------|----------|
| 年产毛量 | 0.50 | 0.30～0.60 | 粗毛率 | 0.35 | 0.13～0.59 |
| 第一次剪毛量 | 0.33 | 0.20～0.70 | 缠结毛率 | 0.30 | 0.18～0.60 |
| 第二次剪毛量 | 0.35 | 0.15～0.64 | 被毛密度 | 0.41 | 0.22～0.73 |
| 第三次剪毛量 | 0.38 | 0.20～0.69 | 被毛长度 | 0.35 | 0.19～0.65 |
| 第四次剪毛量 | 0.44 | 0.26～0.75 | 毛纤维直径 | 0.42 | 0.18～0.76 |
| 产毛率 | 0.16 | 0.10～0.28 | 料毛比 | 0.38 | 0.20～0.63 |

资料来源：杨正，1999；SARafat，2007；等。

## 二、引种及选种

### （一）种兔的引进

**1. 优良种兔应具备的基本条件**

（1）生产性能好  饲养长毛兔的主要目的，就是要获得高产优质的兔毛。种兔本身应该具有良好的产毛性能和兔毛品质。

（2）适应性强  优良种兔应该对周围环境有较强的适应能力，并对饲料营养有较高的转化能力，这是高产性能的基础。

（3）繁殖力高  要使兔群质量普遍提高，优良种兔必须能大量繁殖后代，以不断更新兔群，为商品生产提供大量优秀个体。

（4）遗传性稳定  仅仅种兔本身生产性能好是不够的，还要将其高产性能稳定地遗传给后代，这是获得优秀种群的根本保证。

**2. 引种注意事项**

（1）种兔生产经营资质：须从原种场、一级或二级种兔场等有种兔生产经营资质的种兔场引进，引种前可登录"国家种畜禽生产经营许可证管理系统"查询种兔场是否有相应的供种资质。

（2）引种前准备工作：综合考虑引种数量、月龄、人员、兔舍、隔离舍、饲料、运输、免疫等环节，提前制订引种方案。

（3）引种时应向种兔场索要种畜禽合格证复印件、引种证明、动物防疫合格证、发票和种兔系谱档案。

（4）长毛兔引种宜选择经遗传鉴定的青年兔或幼兔，也可通过购买优秀种公兔精液，或通过购买新生仔兔寄养方式来引种。

（5）运输种兔的过程中注意适当通风，把兔毛剪短，毛密且长的个体很容易在运输中发生应激中暑等。

## （二）毛兔选种要求

**1. 体质外形** 毛用种兔要求体型匀称，体质结实，发育良好，四肢强健。头型清秀，双眼灵活有神，耳壳大，门牙洁白短小，排列整齐，体大颈粗，胸背宽阔，中躯长，臀部宽而丰厚，皮肤薄而致密，骨骼细而结实，肌肉匀称但不发达，绒毛浓密但不缠结，毛品质优良，生长快。法系安哥拉兔协会的安哥拉兔鉴定标准见表2-3。种公兔要求性欲旺盛，精液质量好；种母兔要求乳房发达，乳头数4对以上，排列均匀，粗大柔软，不含瞎乳头，后裆宽，性情温驯。凡"八"字腿、牛眼、剪毛后3个月内被毛有结块者不宜留种。

表 2-3　法系安哥拉兔协会的安哥拉兔鉴定标准

| 项目 | 要求 | 评分 |
|------|------|------|
| 体型外貌 | 呈圆柱形，双耳直立，耳尖毛丛整齐 | 10 |
| 体重 | 平均体重不低于 3.75 千克，理想者约 4.25 千克 | 10 |
| 毛品质 | 根据毛长和枪毛数量予以评定 | 30 |
| 产毛量 | 根据群体水平和分布特性制定选留标准 | 40 |
| 被毛 | 全身色、毛同质，毛密 | 10 |

**2. 产毛性能**　被选个体要求剪毛量高，优质毛百分率高，粗毛比例适中，料毛比小，毛的生长速度快。凡年剪毛量低于群体均值或毛品质差者不宜留种。

## （三）基本选种方法

选择优秀种兔是繁育优良兔群的基本手段。质量性状大多数是由一对或多对非等位基因控制，对其进行选择相对容易，一般可以采用表型分析、系谱分析和测交等方式选种。而数量性状由许多微效基因控制，对其进行选择相对较难，且在长毛兔育种中所选择的经济性状绝大多数是数量性状。

### 1. 单性状选择

（1）**个体选择**　数量性状的个体选择是指根据个体的表型值所进行的选择，又称大群选择，该选择方法简单易行，一般在性状遗传力高、标准差大的情况下使用，选择非常有效，有望得到较快的遗传进展。个体选择的准确性直接取决于性状的遗传力。

质量性状的选择是围绕基因型进行的，常规判断质量性状基因型的方法是基于对亲缘群体的表型关系分析，必要时还需要组织测交试验做进一步的统计分析判断。随着科学技术的发展，在判别质量性状基因型方面有许多生化遗传学、免疫遗传学和分子遗传学技术被开发出来，提高了质量性状基因型判别的效率和准确性。

例如要培育一个具有"八点黑"表型的品系实质是通过选择获得喜马拉雅型白化基因的纯合子（$C^h C^h$）群体。育种中的主要技术难题就是避免留种杂合子，由于杂合子（$C^h c$）也具有"八点黑"表型，常规途径只能利用测交来排除杂合子，比较费时费力。分子遗传学研究证实 $C^h$ 是由于酪氨酸酶基因 5' 调控区 $881^A \rightarrow 881^G$ 突变造成的，山东农业大学 2002 年建立了针对该碱基突变的检测方法，并利用该技术与常规育种相结合成功培育出黑耳长毛兔新品系。

（2）家系选择　是指根据家系的平均表型值所进行的选择。该方法一般在性状遗传力低、家系大、家系间环境差异小的情况下使用。家系选择是以整个家系为一个选择单位，只根据家系的均值决定家系的选留，个体值除影响家系均值外，一般不予考虑。被选中家系的全部个体都可以留种，未选中的家系不留作种用。

（3）家系内选择　是指根据个体表型值与家系均值的差所进行的选择。该方法一般在家系间环境差异明显、家系内环境相对稳定的情况下使用。家系内的个体差异可以比较准确地反映家系内个体间的遗传差异。从每个家系中选留表型值高的个体，不考虑家系均值的大小。个体表型值超过家系的均值越多，这个个体就越好。家系内选择实际上就是在家系内所进行的个体选择。

（4）合并选择　是指结合个体表型值与家系均值进行选

择，根据性状遗传力和家系内表型相关，分别给予这两种信息不同的加权，合并为一个指数，借以对某性状进行选择，该方法优于上面 3 种方法，因为它采用遗传力来加权，能比较真实地反映遗传上的差异。

**2. 多性状选择** 在育种工作中，经常需要同时选择几个性状，如产仔数、泌乳力、产毛量、粗毛率等，有时还要结合生活力或外形性状进行选择。同时选择两个或更多的性状，一般有三种方法。

（1）顺序选择法 就是对所要选择的性状，一个一个依次改进的方法。在第一个性状达到理想的选择效果后，再开始选择另一个性状，如此顺序选择。这种选择方法的效率在相当大的程度上取决于被选择性状间的遗传相关。顺序选择法不但费时长久，而且对一些负相关的性状，有可能是一个性状的提高，又导致另一个性状的下降。

（2）独立淘汰法 此法是对每个所要选择的性状，都制定出一个最低的中选标准。一个个体必须各方面达到所规定的最低标准才能留种。独立淘汰法由于同时考虑多个性状的选择而优于顺序选择法。这样做的结果往往是留下了一些各方面刚够标准的"中庸"个体，而把那些只是某个性状没有达到最低标准，其他方面都优秀的个体淘汰掉。而且同时选择的性状越多，中选的个体就越少。

（3）选择指数法 此法是把所要选择的各方面性状，按其遗传特点和经济效果综合成为一个指数，然后按指数高低进行选留。对暂时看不出经济意义而又有育种价值的性状，从长远利益考虑，也应当在指数中占有一定的比重。选择指数法选择效果总是不低于其他两种方法，且在多数情况下要优于它们。

选择指数基本公式为：

$$I = a_1 P_1 + a_2 P_2 + \cdots + a_n P_n$$

式中：$I$ 为选择指数；$a_1$、$a_2$、$\cdots$、$a_n$ 为第一性状、第二性状、$\cdots$、第 $n$ 性状的系数；$P_1$、$P_2$、$\cdots$、$P_n$ 第一性状、第二性状、$\cdots$、第 $n$ 性状具体数值。

这一基本的选择指数公式，在使用时需转为实际选择指数公式。一个相对简单的例子如下：育种目标是提升长毛兔产毛性能，选择剪毛量、产毛率和体重 3 个性状。其步骤为：

（1）确定各性状占总分的比重　按剪毛量、产毛率和体重的相对重要性，确定它们的比重分别占总分的 50、30、20，这些性状所占比重总和等于 100。100 在这里只用来表示兔群体平均水平。

（2）求系数 $a$　某兔场群兔第 3 次剪毛量、产毛率和体重平均值分别为 190 克（$\bar{P_1}$）、22%（$\bar{P_2}$）、3.4 千克（$\bar{P_3}$），按基本公式：

$$I = a_1 \bar{P_1} + a_2 \bar{P_2} + a_3 \bar{P_3} = 50 + 30 + 20 = 100$$

即 $a_1 \bar{P_1} = 50$，$a_2 \bar{P_2} = 30$，$a_3 \bar{P_3} = 20$，其中 $\bar{P_1}$、$\bar{P_2}$、$\bar{P_3}$ 为已知，则剪毛量系数 $a_1 = \dfrac{50}{190} \approx 0.26$，产毛率系数 $a_2 = \dfrac{30}{22} \approx 1.36$，体重系数 $a_3 = \dfrac{20}{3.4} \approx 5.88$。于是该场产毛性能的选择指数为：

$$I = 0.26 P_1 + 1.36 P_2 + 5.88 P_3$$

在选种时，只要将种兔 3 个性状的数值代入上式中，即可计算出种兔的选择指数，则可按选择指数从高到低择优留种。

## （四）选种时间与阶段

**1. 第一次选择** 一般在仔兔断奶时进行，主要依据断奶体重、同窝仔兔数量及发育均匀度等情况，结合系谱信息进行选择。第一次选择要适当多选多留。

**2. 第二次选择** 一般在第一次剪毛（2 月龄）时进行，主要检查头刀毛中有无结块毛，结合体尺、体重评定生长发育状况，有结块毛及生长发育不良者淘汰或转群。

**3. 第三次选择** 一般在第二次剪毛（4.5～5 月龄）时进行，主要根据剪毛情况进行产毛性能初选。二刀毛与年产毛量为中等正相关。

**4. 第四次选择** 一般在第三次剪毛（7～8 月龄）时进行，主要根据产毛性能、生长发育和外貌鉴定进行复选。该次选择是毛兔选种的关键一次，选择强度较大，选中者用作种兔参加繁殖。三刀毛与年产毛量通常呈较高的正相关。

**5. 第五次选择** 一般在 1 岁以后进行。主要根据繁殖性能和产毛性能进行选择。注意母兔的初产成绩不宜作为选种依据，通常以 2～3 胎的受胎率和产仔哺育情况评定其繁殖性能。繁殖性能差、有恶癖及产毛性能不高者应予淘汰。

**6. 第六次选择** 当种兔的后代已有生产记录时，就可根据后代的生产性能对种兔的遗传品质进行鉴定，即后裔测定，根据种兔的综合育种价值进行终选。

在实际选种中可灵活确定选种时间和次数，一般宜以断奶、三刀毛和后裔测定作为选择的关键阶段。

## 三、选配方法

选配就是有意识、有计划地决定公母兔的配对，以达到培育和利用优良品种的目的。选出了优良的种兔，不一定能产生优良的后代，因为后代的优劣不仅取决于种兔的遗传特性，还取决于公母兔双方的基因组合情况，即配合力高低。因此，在进行长毛兔选种的同时，还要搞好选配。选配是选种的继续，是育种工作中的重要环节。其目的在于获得变异和巩固遗传特性，以便逐步提高兔群品质。选配主要有表型选配和亲缘选配两种。

### （一）表型选配

表型选配是根据公、母兔个体品质的表现情况进行的选配，又称为品质选配。它又可分为同型选配和异型选配两种。

**1. 同型选配**　是选择某些性状相似的公、母兔进行交配，也称为同质选配。它的目的在于在后代中固定这些性状。选择的双方越相似，越有可能将共同的优点遗传给后代。例如选择产毛量都高的种公兔与种母兔交配，它们的后代才有可能保持产毛量高的特性。同型选配的优点在于：优秀长毛兔的品质能在后代中得到保持和巩固，这样就有可能将个体品质转化为群体品质，使优秀个体的数量增加；能够稳定所选性状的遗传性能，使兔群逐渐趋于同质化。因此，同型选配的使用范围，只能用于优秀长毛兔，而不适用于中低品质的长毛兔，只适于在兔群中已有了符合理想型的种兔时使用。

**2. 异型选配**  是选择具有不同优良性状或同一性状但优劣程度不一的公、母兔交配，又称为异质选配。其目的在于把公、母兔各自的优良品质在后代中集中起来，或以优改劣，提高后代的生产性能。例如组织兔毛生长速度快、兔毛密度大的公母兔交配，期望后代兔生长速度快和兔毛密度大，最终提高后代产毛量。异型选配的优点在于：能综合双亲的优良性状，丰富后代的遗传基础，增加新的类型，有利于选种和提高后代的生活力。

应注意到，由于存在基因间连锁和性状间负相关，不一定能够把双亲的优良性状很好地结合到一起。在异质选配中必须坚持严格的选种和淘汰。

在实际育种工作中，同型选配和异型选配往往不是分开的，而且在大多数情况下，这两种选配方式是结合进行的。

### （二）亲缘选配

亲缘选配是根据交配双方亲缘关系的远近而决定的选配方式。若交配的公母兔有较近的亲缘关系，它们到共同祖先的总代数之和小于 6，则称为近交；反之，交配双方无密切亲缘关系，6 代内找不到共同祖先的，则称为远交。

长毛兔近交往往带来不良的后果，如繁殖力下降、后代生活力下降等。在育种过程中，应用近交有利于固定种兔优良性状，迅速扩大优良种兔群数量。由此可见，近交有有利的一面，也有不利的一面。近交的使用，取决于育种目的。在生产实践中，近交一般只限于培育新品种或新品系，一旦目标实现，应及时转为中亲交配或远交。商品生产和繁殖场不宜采用近交方法。

## 四、长毛兔新品系的培育

### (一)长毛兔育种方向和目标

**1. 确定育种方向的基本依据** 育种成果的滞后性决定了育种目标必须有前瞻性,合理的育种方向建立在对长毛兔产业发展态势深入把握的基础上,并应遵循以下基本原则。

(1)适应市场和生产需求 长毛兔生产本质上是利用动植物饲料资源以长毛兔为生产工具进行兔毛生产的过程。在商品经济条件下,内在驱动力是使生产者能够获取较大的利润。这就要求所生产的兔毛首先能够较好地满足人们的需要,有良好的商品价值,产品适销对路;其次要求生产成本较低,无其他不良效应。简单概括起来,长毛兔育种应向高产、优质、高效方向发展,培育适应市场需要,经济、社会、生态效益高的新品种、新品系。

(2)适应各地的生产条件 即要求因地制宜,培育适宜各地区条件和符合我国养兔发展水平的兔种,注意结合各地的资源和生产条件,提高长毛兔品种对各类生产环境的适应性,改进长毛兔的体质健康水平和抗病力。

(3)充分利用现有的品种资源 在加强遗传资源保护和种质特性研究的基础上,要善于选择最合适的种群作为育种素材,并尽量保持和发展原有种群的优点,改进和克服其缺点,全面提高兔群的遗传品质。

综上所述,总的原则可概括为以资源为依托,以市场为导向,以效益为中心,充分依靠科学技术,选育两高一优的新品种(系),并建立健全最大限度利用良种的繁育体系。

**2. 育种目标** 我国长毛兔育种长期以选育高产品系为

主，产毛量已多年居于国际先进水平，被毛品质由细毛型转为高产粗毛型，特别是近年来长毛兔生产中过度追求兔毛产量，忽略了对毛品质的选择，导致兔毛纤维直径越来越粗，且异质化严重，两型毛比例增加，品质越来越差，严重影响了纺织品质，导致长毛兔业低质低效，甚至有走向穷途末路的风险。

结合以上情况，我国长毛兔的育种方向应为重点提升兔毛品质和整体效益，选育改良兔毛的细度和同质性，协调好产毛性能与体质健康的关系。体质和繁殖力是生产的基础，应由大体型、高产毛量的个体高产模式向体型适中、高产毛率性能均衡的群体高效模式转变，产品类型上应围绕毛纺制品市场需求，向细毛型为主，细毛型、半细毛型、粗毛型品系多元化发展。

## （二）长毛兔新品系的培育方法

**1. 系祖建系法** 该品系培育方法主要是选定系祖后以系祖为中心繁殖亲缘群，经过连续几代繁育，形成与系祖有密切的血统联系、性能与系祖非常相似的高产品系群。这一建系方法相对简单快捷，比较适合育种爱好者进行小群体的长毛兔育种。我国长毛兔育种实践中，有许多优秀兔群就是群众育种者通过系祖建系法培育的。其方法要点：首先发现或引进1只或少数几只卓越种兔，把它们作为系祖，然后围绕它们进行针对性的选种选配，最终育成高产品系。但是这种方法育成的品系，遗传基础较狭窄，群体规模和持续时间有限，通常不能满足现代大规模商业生产要求。

**2. 近交建系法** 该品系培育方法主要是利用高度近交方式，包括亲子交配和同胞交配，使优良基因迅速纯合，形成平均近交系数在37.5%以上的亲缘群，结合严格的选择，获得遗传性能比较一致的品系。这一方法由于近交建系过程中容易带来近交衰退，需要大量淘汰，育种成本高，培育风险大，所建立品系往往繁殖力和生活力较低，在育种实践中应用不多。

**3. 群体继代选育法** 又称为世代选育，在现代育种实践中最常用。首先选集多个血统的优秀公母兔组建基础群，然后封闭起来在群体内按照生产性能、体型外貌、血统来源进行选种选配，以培育出符合品系标准、遗传稳定、整齐度好的种兔群。具体方法是：

（1）组建基础群 首先确定品系选育目标，将符合育种目标、在多个或某个性状上特别突出的优秀个体纳入基础群。由于群体继代选育是闭锁选育，中途一般不再引入外来种兔，将来选育出的品系性能完全取决于基础群的遗传素质。因此，基础群的选集很重要，是决定品系质量的关键。

基础群规模通常越大越好，可以富集更多的优良基因，有利于加快选择进展，保证品系的选育质量。经过 1～2 代选育后，可以将育种核心群保持在适度规模，这样有利于控制育种费用和快速稳定品系遗传性能。当品系达到较高遗传纯度后，再根据生产推广需要逐步扩大品系规模。新品系育种核心群一般需要 30 只公兔、120 只母兔以上规模。

（2）闭锁繁育方式 组建基础群后兔群实行严格闭锁，选育过程中一般不引入任何外来种兔，后备兔均来自上一代兔群。闭锁繁育后，由于群体小，近交不可避免，随着选育世代的增加，近交系数也会增加，群体中纯合子也会增加，经过几代的严格选择，就可形成性能优良、同质性较强的种兔群。

一般采用避免全同胞交配的随机交配，使基础群的各种基因都有表现的机会，增加了选择素材的多样性，又可避免群体近交系数的过快增长，防止优良基因的丢失。到了培育后期，如果杂合子在群体中仍然较多，可采用半同胞甚至全同胞近交，加速基因的纯合。

（3）选种方法　为了保证较高的选择强度，一般要求每一代种兔连续繁殖2～3窝，在其后代中选择最优秀的个体作为继承者。为了便于育种管理和缩小环境偏差，尽量争取每一世代的个体处于相同的饲养管理条件下，然后根据自身成绩结合同胞资料进行严格选种，选种的标准和方法每一世代尽量保持一致，选择强度应随年龄增大而加大，幼年时期只淘汰很差的个体，养到能较准确地选择时，再进行大批淘汰，以提高选择强度和准确性。选育过程中允许淘汰生产性能差的血统。按照在前3胎中留种的方式，可以将世代间隔控制在1年左右。上一代的种兔在完成留种后不再留作育种群，最好转入生产群，其生产成绩可供选育群参考，只有极少数特别优秀的个体允许世代重叠。一般闭锁繁育4～5代后可以培育出新品系。

（4）扩群提高　在品系繁育后期，应增加留种数量，扩大品系规模，逐步建立良种繁育体系，以避免品系近交累积，满足生产利用需求。

# 五、长毛兔生产性能测定

## （一）个体标识

准确快速地识别长毛兔个体是组织性能测定和种群管理的基础工作，识别长毛兔个体最简单有效的方法是对长毛兔进行编号，并在兔身上做永久性或暂时性标记。

**1. 个体编号的原则**

（1）唯一性　每一个号码对应一个个体，保证该号码在所适用的范围内没有重号。

（2）含义明确　为了管理方便，每一个号码都应有明确的含义，包含有用的信息。

（3）简洁易读　尽量做到个体编号简单明了，方便生产管理人员识读、记录和计算机录入识别。

例如某长毛兔种兔场耳号由 6 位数字和字母组成，第 1 位为品系，品系代码 A、B、C 等；第 2 位为出生年份，取年份的一位数字；第 3 位为月份，1～12 月分别为 1、2、3、…、9、X、Y、Z；第 4～6 位为个体编号，从 001 开始。例如 A 系 2021 年 11 月出生的这批种兔耳刺要从 A1Y001 开始登记。

对于一个中等规模兔场内的种群管理，这样的编号系统一般可满足要求。如果兔群规模较大，育种记录时间跨度较大，一般在育种数据库中通过软件对耳号附加地区、场别、出生年份等前缀加以区别。

**2. 个体标识的方法**

（1）戴耳标　在长毛兔断奶时，用专门的耳标钳将耳标固定在耳朵中部无血管处。常见的有塑料耳标、金属耳标等，编号内容可事先激光印制，或用记号笔书写。

（2）刺墨耳号　用刺标钳在耳朵上打出针孔组合成的耳号，并用墨水混合食醋浸涂针孔形成不褪色的耳号。该方法可用于耳朵颜色较浅的长毛兔。

（3）电子标签　由注射于长毛兔皮下的电子芯片、种兔卡或兔笼位条形码、相应的阅读器和计算机软件系统组成。在长毛兔育种中条形码、二维码、RFID 等标签已得到应用。

## （二）长毛兔育种数据管理

育种数据，从狭义上讲是指性能测定数据，广义上则包括种兔的基本档案、性能测定数据、有关环境系统、遗传评估结果等。对育种数据的有效管理是育种方案实施的基础，也是育种工作成败的关键因素。

**1. 长毛兔常用的育种生产记录**

（1）配种记录　为确定血统和亲缘关系所必需，主要记录与配的种公兔、种母兔的编号、品种、年龄（或胎次）、配种日期以及交配方式，并推算出预产期。

（2）分娩记录　除登录父母亲的编号、品种、年龄、胎次、分娩日期和怀孕期外，主要记录全部后代的个体号、性别、断奶日期、哺乳期中生长发育和死亡情况以及毛色等外形特征。如出现寄养情况，则应注明从生母到寄母的信息。

（3）生长发育记录　留作种用的后备种兔或育种群的种兔应该定期测定体重、体尺、产毛量和毛品质。测定的项目和间隔日期应该根据育种计划的要求而定。为方便起见，可统一日期进行测定，并用相应的校正方法校正至规定日龄的体尺、体重和产毛量。

（4）生产记录　种兔生产记录主要包括每周体重的抽测和每天存栏种兔数量的记录，以便对兔群的整体水平有一个直观了解。体重抽测是每周在饲喂前对每一批次的种兔随机抽测称重，计算本批次种兔本周的平均体重；存栏种兔数同样也是按批次记录，详细记录种兔的批次、舍号、存栏量、死淘数（需要记录死淘个体耳号）以及转群情况。

（5）饲料消耗记录　饲料用量对长毛兔的生产发育和生产性能都有显著的影响。直接关系到育种和生产成本，逐日准确记录实际消耗对育种工作是非常有帮助的。主要记录内容是日粮组成及各阶段各类饲料的消耗总量，通常不是以个体，而是以小群（或组）为单位来记录。

（6）种兔系谱卡　这是每只种兔的总结材料，除记录个体号、出生日期、出生地点、性别、品种等外，一般还包括三代简易系谱、本身各时期的生长发育记录、体型外貌特征、有无遗传缺陷等。对于种公兔，还应记录历次的配种成绩；对于种母兔，还应记录各胎次的繁殖哺乳成绩。

（7）疾病防治记录　一般应包括各主要传染疾病的免疫程序以及其执行情况，抗体监测及其死兔的剖检记录，重大疫情及其处理记录。

**2. 育种记录注意事项**　为了既准确又迅速地获取育种所需的各种数据，减少操作费用，应注意以下事项：

（1）准备好记录表格和相关用具　记录用笔最好是黑色中性签字笔，避免使用圆珠笔。记录表格中包括影响性状表现的各种可以辨别的系统环境因素（如年度、季节、场所和操作人员等），以便于数据的遗传和统计分析。

（2）注意记录方法和速度　为做到迅速记录，减少时间浪费和重复工作，可将记录表格放在硬质板上用纸夹夹住，以防风吹。如记录表很多，必须翻页时，可在各页边缘贴上一块小纸，写上该页记录中所有个体的起止编号，以便迅速翻页找到所需的号码。

（3）减少不必要的记录誊写　做育种记录时，应尽量避免由一张记录表誊写至另一张记录表。因为每次誊写一系列数据，往往会造成差错。

（4）注意记录的整理和保护　对于育种资料，应及时录入电脑，并整理归档，建立一套完整的保存方法。对于所有育种记录，应由专人负责，妥当保管。

### （三）性状测定

**1. 生长性状**

（1）体重　所有体重测定均应在早晨饲喂前进行，以避兔采食饮水等因素造成的偏差，自由采食的兔不受该限制。单位以克或千克计算。

初生重：产后 12 小时内产活仔兔的个体重量。

断奶重：断奶时分别称量所有活仔兔的个体重量，并注明断奶日龄，一般采用 5～6 周龄断奶。

其他体重：早上喂饲前的重量，如成年体重等。

（2）体尺　在长毛兔上常测的体尺如下，单位以厘米计算。

体长：指自然姿势下长毛兔鼻端至尾根的直线距离。

胸围：指自然姿势下沿长毛兔肩胛后缘绕胸部一周的长度。

**2. 繁殖性状**

受胎率：通常指一个发情期配种受胎数占参加配种母兔的百分比。

产仔数：母兔的实际产仔兔数，包括死胎和畸形仔兔数量。

产活仔数：指母兔产的活仔数。

初生窝重：产后 12 小时内产活仔兔的全部重量。

断奶成活率：指断奶时存活的仔兔数占产活仔兔数的百分比。

泌乳力：指 21 日龄全窝仔兔的总重量，包括寄养仔兔，用来衡量母兔哺乳性能。

**3. 产毛性状**

（1）产毛量　通常是指毛用兔一年中的产毛总量。成年兔的年产毛量由该年 1 月 1 日至 12 月 31 日采毛总量计算；青年兔的年产毛量是由第一次剪毛至满一年后的产毛总量。也可用第三刀毛推算，养毛期 73 天采毛量乘以 5 或养毛期 91 天采毛量乘以 4 即年产毛量。

（2）**产毛率**　是指产毛量与体重的百分比，反映了单位体重的产毛效率，是评价产毛性能的重要指标，通常用年产毛量与该年采毛时所测的平均体重计算。

（3）**毛料比**　表示每生产1千克兔毛所消耗的饲料量，与兔毛生产成本密切相关，是衡量长毛兔生产性能的主要指标之一。

（4）**毛品质**　表示兔毛品质的主要指标有长度、细度、强度、粗毛率等，通常以十字部毛样为代表进行测定。

长度：包括兔体毛丛自然长度和剪下后毛纤维的自然长度，以厘米为单位，精确到0.1厘米。毛纤维长度测定不少于100根，毛丛长度为所测3～5个毛丛的平均长度。

细度：以单根兔毛纤维中段直径来表示，以微米为单位，精确到0.1微米，测量300根的平均数。

强度：也称拉力，指单根兔毛拉断时的应力，用克表示，测量100根的平均数。

粗毛率：粗毛（含两型毛）重量或根数占全部毛样重量或根数的百分比。

## 六、长毛兔全基因组选择育种

在经典数量遗传学中，常将数量性状作为一个整体处理，选种主要基于单一表型的直接测定值或基于多性状为基础的选择指数，然而，家兔许多经济性状都为低遗传力的数量性状，其表型变异中非加性遗传方差和环境方差组分较大，导致基于数量遗传学理论的常规选择方法十分低效。随着分子生物学技术的发展，基因组测序成本大幅度降低，基于覆盖全基因组标记的基因组选择育种芯片或者利用直接基因组测序信息，用于估计基因组育种值成为可行的育种手段。与传统育种技术相比，全基因组选择育种具有准确度高、选择周期短等重要优势，成为今后畜禽育种的新技术。

## （一）高通量 SNP 标记检测技术

高通量 SNP 标记检测技术是测序技术和生物芯片技术的有机结合，而测序技术和生物芯片两项技术迅速发展是高通量 SNP 标记检测技术趋于商业化的基础。目前新一代的测序技术涉及 DNA 测序、Small RNA 测序、转录组测序、数字化表达谱测序、DNA 甲基化、目标区域捕获测序、宏基因组测序等，这些技术体系覆盖了基因组科学的各个重点研究领域。随着新一代测序技术的通量提升和测序成本降低，家兔全基因组选择育种成为可能。SNP 芯片通过制作技术的革新，检测方法的优化，高通量 SNP 标记检测技术成为便捷、高效、经济的技术，为基因组选择提供了便利条件。

## （二）全基因组选择

全基因组选择主要是通过全基因组中大量的标记信息估计出不同染色体片段的育种值，然后估计出个体全基因组范围的育种值并进行选择的一种新方法。该方法主要是根据连锁不平衡信息，假设标记与其相邻的 QTL 处于连锁不平衡状态，由相同标记估计不同群体的染色体片段效应相同的原理建立的选择理论。基因组选择对历史群体数据库要求相对较低，可在个体早期进行基因型检测而估计育种值，提高育种值估计的准确度，缩短世代间隔，降低性能测定的成本，提高遗传进展。

## （三）全基因组选择的计算方法

全基因组选择的方法主要通过两个思路应用：一种思路

是基于估计等位基因效应的主要方法，有最小二乘法、随机回归最佳无偏预测法（RR-BLUP）、主成分分析法和贝叶斯法等；另一种思路是通过已测定的基因型计算个体间的相关关系，记为 $G$ 矩阵，从而按照最佳无偏预测法（BLUP）的思路，用 $G$ 矩阵代替 BLUP 中的 $A$ 矩阵来估计育种值，称为 GBLUP 法。

### （四）影响全基因组选择的因素

影响基因组选择的因素有很多，如标记类型和密度、单倍型长度、参考群体大小和标记-数量性状基因座（QTL）连锁不平衡（LD）大小等。不同类型的标记具有不同的多态信息含量，标记数量越多，与 QTL 连锁不平衡的标记越多，基因组选择的准确性越高，且随标记密度的增加而增加。

参考群体的扩大可以使单倍型或等位基因效应估计的准确性提高。个体有效表型信息越丰富，且基因分型个体的数量越多，基因组选择的准确性越高。标记-QTL 间的 LD 可以增加基因组选择的准确性，但随着世代的增加，基因组选择准确性随着标记-QTL 间的 LD 逐渐降低而降低，因此标记或单倍型效应经过若干世代就需要重新估计。可以把新增加的个体信息不断纳入参考群中计算，实现对基因组育种值估计的迭代优化。

## 七、繁殖技术在长毛兔生产中的应用

### （一）良种繁育体系

建立健全良种繁育体系是现代长毛兔育种生产的客观要求和组织保证。良种繁育体系的核心作用是实现育种、扩繁和生产的合理分工，通过良种扩繁手段将育种群的遗传优势高效率地传递到生产群，从而取得高的育种收益和生产效益。长毛兔纯种繁育体系一般结构包括以遗传改良为核心任务的育种场（群），以良种扩繁为中心任务的繁殖场（群）和商品生产场（群）。

**1. 育种场**（群）  处于繁育体系的最高层，主要进行纯种（系）的选育提高和新品系的培育，其纯繁的后代除部分选留更新纯种（系）外，主要向繁殖场（群）提供优良种源用于扩繁生产，并可按繁育体系的需要直接向商品场（群）提供商品生产所需的种兔。因此，育种场（群）是整个繁育体系的关键，起核心作用，故又称为核心场（群）。

**2. 繁殖场**（群）  处于繁育体系的第二层，主要对来自核心场（群）的种兔扩繁，特别是纯种母兔的扩繁，为商品场（群）提供纯种（系）后备母兔，同时提供相应的种公兔或精液，保证一定规模商品兔的生产需要。

**3. 商品场**（群）  处于繁育体系的底层，主要进行商品生产，提供终产品兔毛。育种核心群选育的成果经过繁殖群到商品群才能表现出来。商品场的生产水平取决于育种场的选育水平。三者是一个有机联系、相互依赖、相互促进的统一整体，在实践中需要平衡三者的利益关系，以加强育种场建设、提高核心群的选育质量为基础，同时搞好繁殖场和扩繁群的管理，保障商品生产群的遗传品质。

### （二）批次化繁殖技术

**1. 同期发情**  依据生产实际和兔群发情周期，在生产过程中可以尝试采用以下不同的催情方法。

（1）生殖激素处理  在配种前2天用孕马血清或孕马血清促性腺激素诱发发情，皮下注射30国际单位，48~55小时后即可配种，配种同时注射促排 3 号。

（2）生物学刺激处理　断奶、转群或将不发情的母兔用公兔刺激，使母兔感受公兔的气息刺激等方法都可以取得理想的催情效果。

（3）人工补光（推荐）　在配种前 1 周封闭兔舍，可以人工增加光照时间至 16 小时，光照强度 60～100 勒克斯，可实现全舍种母兔同时发情。研究表明，配种后加光至 7 天的受胎率较好，且能有效降低能耗和成本。

**2. 人工授精**　是最经济和最科学的长毛兔配种方法，也是工厂化养兔的趋势。人工授精不仅有效地改变了长毛兔的交配过程，更重要的是提高了公兔配种效能，远远超过自然交配的配种母兔数倍。因此，选择最优秀的公兔精液用于配种，是迅速增殖良种长毛兔的有效方法和改良兔种进行育种工作的有力手段。人工授精的详细操作如下：

（1）假阴道的制作　假阴道内胎、玻璃棒、温度计、金属镊子用 75％酒精棉球擦拭消毒。稀释液、生理盐水棉球、毛巾、纱布、保存运输精液用的玻璃容器经高压蒸汽消毒；集精杯 150℃干燥消毒，维持 1.5 小时，冷却。输精器需经高压蒸汽消毒。当连续数只母兔输精时，每使用一次，输精器的前段用 75％酒精棉球由前向后擦拭消毒，待酒精干燥后，再用生理盐水棉球擦拭，方可为另一只母兔输精。也可以每只更换输精管。人工授精所用器械在每次使用后，需用洗涤剂洗刷干净，最后再经清水和蒸馏水各冲洗一次，并保持清洁、干燥，存放于清洁的柜内。

将洗净的采精套塞入经严格消毒、长 5 厘米、直径 3 厘米的硬塑料管中，并将采精套开口端翻套在 PVC 管外后，用橡皮筋固定好，调整硅胶套使其内部通顺。如果假阴道是冷的，须用 50 毫升的注射器向硅胶套和 PVC 管之间的空间注入 40～45 毫升 55℃温水。

把集精杯套在假阴道上，立即使用或保存在 55℃的烘箱备用。收集精液时，假阴道的温度应为 41～42℃，如果温度太低，公兔将不会射精或者排尿。

（2）采精　采精时，左手抓住母兔的双耳和颈皮，使母兔后躯朝向笼内；右手握住假阴道，将假阴道置于母兔两后肢之间，假阴道开口紧贴外阴部并保持与水平面成 30°角。等待公兔爬上母兔后躯并挺出阴茎后，立即将假阴道套入公兔阴茎，当公兔臀部不断抖动，向前一挺，后躯蜷缩，并向母兔一侧滑下并发出"咕咕"的叫声，表示射精结束。将母兔放开，竖直假阴道，使精液流入集精管。采精结束后，竖直采集器，取下集精杯，放到保温箱的试管架中。

（3）精液检测　精液的检查应在 18～25℃的室温下进行。采集的精液应放置于 35℃恒温水浴中。将显微镜载物台预热到 38℃，用 10×40 倍镜头检测。取出 1 滴稀释精液放到载玻片上，用盖玻片压住镜检。

（4）精液评估标准

射精量：如果精液中有精胶存在，须在测定前用吸管将其移除。通过精液收集管上的刻度线可以直接读出精液的体积。标准值为 0.3～1.5 毫升。

外观：精液呈乳白色表明是正常的，像水样的精液说明精子的浓度低，呈黄色说明有尿液存在，有棕色、红色或者颗粒存在说明精液被血污染。

活力：用吸管吸一滴精液滴在预热到 38℃的载玻片上，再用盖玻片盖上，通过显微镜观察直线活动精子占精子总数的比例。只有活力在 70%以上的精液才可以用于人工授精。

在选配繁殖使用单精时，活力要在80%以上。

（5）精液的稀释　在人工授精前1小时（或采精前），将精液稀释液在水浴锅里加热到35℃。

根据精液的质量（浓度和活力），用稀释液将精液稀释4～10倍（即加入3～9倍体积的稀释液），并装入15毫升的管子中。稀释过程注意：应以逐滴添加的方式向精液中加入稀释液，每次滴加完后，应轻柔地摇动混合，直到初始体积的2倍；加入更大剂量的稀释液直到想要的体积。

精液在稀释液中的质量评估，应注意精液稀释后不要立即评估其质量，因为稀释本身会对精液产生短暂的不良影响，否则容易引起误判，导致质量好的精液被丢弃。

（6）输精　使用经过消毒的兔专用玻璃输精器或输精枪。

母兔的保定：左手抓住兔双耳和颈皮，右手将尾巴翻压在背部并抓起尾部及背部皮肉，将后躯向上头向下，腹部面向输精员固定好。

输精员左手拇指在下，食指在上，按压外阴，将外阴部翻开，右手持玻璃输精器沿阴道壁轻轻插入阴道内，遇到阻力时，向外抽一下，并换一个方向再向内插，插入6～8厘米为宜，将稀释液0.5毫升注入阴道两子宫颈口附近。

输精后将输精器缓缓抽出，并用力拍拍母兔臀部，以防精液逆流。

输精后肌内注射促排3号0.8微克，以促进母兔及时排卵。

# 第三章
# 长毛兔的营养需要及饲粮配制

## 一、长毛兔的营养需要特点

长毛兔全价饲粮的营养水平是影响产毛量的重要因素。在饲喂全价配合颗粒饲料时，长毛兔年产毛量可达 1.0～1.4 千克，高者可达 2 千克，是所有毛用动物中角蛋白产量与体重比值最高的，约占活体重的 30%，而绵羊、山羊和骆驼的比值均小于 10%。长毛兔在维持生命和产毛过程中所需要的营养物质可以分为能量、蛋白质、氨基酸、矿物质、维生素和水等。

### (一) 能量

体型、生产性能及环境温度等是影响长毛兔能量代谢和能量需要量的重要因素。目前国内外趋向使用消化能来表示长毛兔的能量需要和饲料原料的能量价值。毛兔能量需要包括维持消化能需要量和产毛消化能需要量。

**1. 维持能量需要** 同其他动物一样，毛兔用于维持的能量损失与活体重和生理状态密切相关。每日维持消化能需要量，生长期毛兔为每千克代谢体重 381～552 千焦，成年毛兔为每千克代谢体重 398 千焦，妊娠期母兔为每千克代谢体重 352 千焦，泌乳母兔为每千克代谢体重 413～500 千焦。

**2. 生产能量需要**　长毛兔生产的能量需要包括生长能量需要、妊娠和哺乳能量需要、产毛能量需要等。

（1）生长能量需要　当饲粮中可消化蛋白与可消化能比值维持不变，且蛋白质所含的主要氨基酸平衡时，长毛兔全价饲粮中消化能应控制在 10.50 兆焦/千克较为适宜，低于此浓度，能量摄入不足，长毛兔的生长速度缓慢，超过 12 兆焦/千克生长速度反而下降。

（2）妊娠能量需要　指胎儿、子宫、胎衣及母体沉积所需的能量等。母兔妊娠前 20 天平均每天沉积能量 37.66 千焦，后 10 天平均每天沉积能量 213.38 千焦，母体妊娠期全程平均每天沉积能量为 66.94 千焦。可见，妊娠前期主要是母体增重沉积，后期主要是胎儿发育迅速，营养需要量急剧增加，全价饲粮中的能量供应量不能满足胎儿营养需要时，母体则会动用营养储备以满足胎儿生长需要。

（3）哺乳能量需要　指母兔分泌的乳汁中所含有的能量。哺乳的能量需要量跟泌乳量和哺乳仔兔的数量密切相关。兔乳能量含量约为 7.53 千焦/克，若母兔每日泌乳量为 200 克，则每日所需要哺乳能量为 1.506 兆焦。

（4）产毛能量需要　据测定，每产 1 克兔毛需供应大约 111.21 千焦的消化能。

## （二）蛋白质及氨基酸

长毛兔所需要的蛋白质因饲料原料种类、氨基酸组成、蛋白质消化率和采食量的不同而不同，而采食量又取决于饲粮中消化能的含量。因不同饲料原料的蛋白质消化率差异很大，因此用可消化蛋白来表示毛兔蛋白需要量更为合适。

**1. 维持蛋白质需要** 生长兔和母兔每日可消化粗蛋白维持需要量分别为每千克代谢体重 2.9 克和每千克代谢体重 3.7 克；成年毛兔每日维持粗蛋白的需要量约为 18 克，可消化粗蛋白为 12 克。

**2. 生产蛋白质需要** 长毛兔生产的蛋白质需要包括生长蛋白质需要、妊娠和哺乳蛋白质需要、产毛蛋白质需要等。

（1）生长蛋白质需要 生长兔饲粮中比较适宜的粗蛋白水平为 15%～16%，但同时要求赖氨酸、蛋氨酸和其他几种必需氨基酸的含量满足要求。如低于这个水平，长毛兔的生产性能得不到充分发挥。

（2）妊娠蛋白质需要 家兔妊娠期短，所以营养水平的变化对妊娠母兔影响不大。因此，妊娠母兔对粗蛋白质的需要量并不高，全价饲粮中粗蛋白含量为 15%～16% 即可满足需求。

（3）哺乳蛋白质需要 虽然哺乳母兔给予 16% 的粗蛋白饲粮可以获得较为满意的结果，但大部分试验结果表明，提高饲粮粗蛋白水平至 22% 仍有提高哺乳母兔泌乳量的作用，因此哺乳母兔全价饲粮中粗蛋白含量应不低于 18%。

（4）产毛蛋白质需要 据测定，每克兔毛中含有 0.86 克的蛋白质，可消化粗蛋白用于产毛的效率约为 0.43，因此每产 1 克兔毛约需要 2 克可消化粗蛋白。

**3. 氨基酸需要** 在低蛋白饲粮中添加赖氨酸和含硫氨基酸可以提高长毛兔的产毛性能，安哥拉兔饲粮中含硫氨基酸含量不宜超过 0.8%。在我国常用的毛兔日粮中，含硫氨基酸含量一般为 0.4%～0.5%，因此全价饲粮配制需要额外添加 0.2%～0.3% 的含硫氨基酸来提高毛兔生产性能。

**4. 长毛兔对非蛋白氮的利用**　盲肠可以利用外源性非蛋白氮来合成菌体蛋白，但盲肠内容物氨的浓度是微生物生长的限制因素。在低蛋白饲粮中添加尿素并不能达到提高产毛性能的效果，且毛兔盲肠中存在水解尿素的细菌，容易导致氨中毒，需慎用。

### （三）碳水化合物

毛兔饲粮中碳水化合物按营养功能可以分为两类：一是可被毛兔消化道分泌的酶水解的碳水化合物（单糖、寡糖和淀粉等）；二是只能被微生物产生的酶水解的碳水化合物（纤维素及组分）。

**1. 淀粉**　和其他家畜一样，淀粉在毛兔的消化道中可以被完全消化吸收。淀粉主要在小肠消化，但胃和大肠也可对淀粉进行降解。淀粉的消化主要随毛兔的年龄和淀粉来源不同而不同。通常淀粉占全价饲粮的100～250克/千克。小肠内不消化的淀粉发酵可以影响毛兔盲肠内容物微生物区系。断奶后毛兔死亡率随淀粉采食量升高而显著升高，因此，断奶毛兔发生消化道疾病时必须考虑这一因素。

**2. 脂肪**　长毛兔饲粮中通常含有甘油三酯。动物、植物脂肪中主要含有中链或长链脂肪酸（C14 至 C20），其中以 C16 和 C18 脂肪酸最为常见。长毛兔除需少量必需脂肪酸外，对脂肪无特殊要求，在配制全价饲粮时通常添加10～20 克/千克植物油来满足能量需要。全价配合饲料中添加油脂不仅能够满足能量需要，还可以降低粉尘。在炎热夏季，应注意油脂酸败造成毛兔腹泻发生。

**3. 纤维**　长毛兔是草食动物，纤维是长毛兔饲粮中主要成分，其中粗纤维要求不低于 160 克/千克，中性洗涤纤维（NDF）通常为 270～420 克/千克，酸性洗涤纤维（ADF）通常为 160～210 克/千克，水不溶性细胞壁（WICW）为 280～470 克/千克，总饲粮纤维（TDF）为 320～510 克/千克。另外，木质素在维持毛兔肠道健康方面发挥重要调节作用，一般要求酸性洗涤木质素（ADL）不低于 50 克/千克。

### (四) 矿物质

矿物质是全价饲粮中的无机物，主要包括钙、磷、镁、钠、氯、硫等常量元素及铁、铜、锌、锰、硒、碘、钴等微量元素。

#### 1. 常量元素

（1）钙和磷　是构成长毛兔骨骼的主要成分。毛兔钙的代谢明显不同于其他家畜，随着钙的吸收量增加，血液中钙的水平增加，体内过多的钙经尿液排出。毛兔钙被机体吸收后进入血液循环的效率高于猪和反刍动物，过多的血钙经肾脏排出，尿液呈现白色、黏稠和奶样，沉积于笼底。由于毛兔盲肠微生物可以产生植酸酶，因此植酸盐可以通过毛兔食软粪很好地被循环利用。一般长毛兔全价饲粮中钙的添加量为 4～10 克/千克，磷为 2.0～6.0 克/千克，钙磷比为 2∶1。

（2）钠和氯　广泛分布于体液中，维持体内水、电解质及酸碱平衡，并维持体液的渗透压恒定。毛兔对食盐的需要量，一般认为应占全价饲粮的 5 克/千克为宜，超过 15 克/千克对长毛兔有不利影响。

（3）镁　目前，毛兔镁的代谢机制尚不清楚，由钙代谢可以推测过量的镁由尿液排出。长毛兔镁的需要量通常为0.3~3克/千克，大多数干草中镁的消化率很高，毛兔商品全价配合饲粮中镁的添加量尚不明确。

（4）钾　饲粮中豆粕、草粉等原料中富含钾，一般不会出现钾缺乏症。全价饲粮中钾的含量超过10克/千克时会降低饲粮吸收率，阻碍镁的吸收。建议钾的添加量为6.5~10克/千克。

（5）硫　硫是兔毛中重要组成元素，兔毛含硫5%，多以胱氨酸形式存在，硫对兔毛生长有重要作用。全价饲粮中硫的实际含量通常在2.0克/千克以上，一般不需要额外补充硫元素，但可通过添加适量含硫氨基酸提高产生性能。

**2. 微量元素**

（1）铁　是一种与氧气的运输和代谢有关酶类的主要成分，缺铁会导致血红蛋白合成受阻，引起动物贫血。胎兔能够通过胎盘吸收适量的铁，出生时储备一定量的铁，即使母兔乳汁中的铁含量很低，但幼龄兔在吮乳期间通过自由采食母兔饲料也不易出现铁的缺乏。全价饲粮中铁的含量约为100毫克/千克时，能够满足毛兔的生理和生产需要。

（2）铜　有催化血红蛋白形成的作用，缺铜同样会引起贫血。长毛兔全价饲粮中铜的含量以5~20毫克/千克为宜。

（3）锌　与核酸的生物合成和细胞分裂密切相关，繁殖期和产毛期的需要量高于生长期。鉴于锌对环境的影响，欧盟对家兔饲料锌最大允许含量为150毫克/千克，此外还应考虑锌的高摄入量对铜利用率产生拮抗的影响。长毛兔全价饲粮中锌的含量以30~60毫克/千克为宜。

（4）锰　作为辅酶在氨基酸代谢和软骨基质生成中发挥

重要作用。缺锰会导致动物骨骼的坚固性不足，从而引起四肢疾病。另外，锰的缺乏会导致大多数畜禽出现繁殖障碍，但对母兔繁殖方面尚未见相关报道。长毛兔全价饲粮中锰含量以 10～30 毫克/千克为宜。

（5）硒　具有抗氧化作用，在机体内生理生化过程中，硒对消化酶有催化作用，对毛兔生长发育具有促进作用。长毛兔全价饲粮中硒的添加量以 0.01～0.15 毫克/千克为宜。

（6）碘　参与甲状腺素、三碘酪氨酸和四碘酪氨酸的合成。全价饲粮中碘的添加量以 1.1 毫克/千克为宜。

（7）钴　是维生素 $B_{12}$ 的组成成分之一。尽管 AEC（1987）建议钴的添加量为 1.0 毫克/千克，但相关文献记录钴的需要却为 0～0.25 毫克/千克。长毛兔生产中即使饲粮中维生素 $B_{12}$ 不足，也不会出现钴缺乏症。

## （五）维生素

维生素分为脂溶性维生素和水溶性维生素两大类。对于长毛兔而言，由于食粪性可以获得部分 B 族维生素和维生素 K。

### 1. 脂溶性维生素

（1）维生素 A　长毛兔血浆中维生素 A 的水平约为每100 毫升中 150 微克，比其他家畜血浆中的水平要高些，但这个水平并不稳定，因为维生素 A 储存在肝脏中，当机体需要时便会释放出来。毛兔常见维生素 A 缺乏症有流产频繁、胎儿发育不良、泌乳力下降等。另外，母兔对维生素 A 过量极为敏感，表现出类似于维生素 A 缺乏的中毒症状。一般推荐每千克饲料 6 000～10 000 国际单位。

（2）维生素 D　维生素 D 的主要功能是调节钙、磷代谢，促进骨骼和牙齿的钙化和发育。长毛兔对维生素 D 的需要量很低，不应高于每千克饲料 1 500 国际单位。在实际生产中，毛兔维生素 D 过量比缺乏更容易出现问题，危害更大。

（3）维生素 E  长毛兔对维生素 E 的需要量为 15～50 毫克/千克，在兔群免疫力低下时应适当增加用量。

（4）维生素 K  维生素 K 是血液凝固所必需的物质。长毛兔盲肠微生物能合成维生素 K，合成的数量一般能满足其生产需要。大多数商品饲粮中维生素 K 水平为 1～2 毫克/千克。被球虫感染的兔群应适当增加用量。

**2. 水溶性维生素**  长毛兔盲肠微生物能够合成 B 族维生素，能够通过其食粪性获得利用。快速生长的仔兔及高产的母兔，可能需要额外补充 B 族维生素，包括硫胺素（维生素 $B_1$）、核黄素（维生素 $B_2$）、吡哆素（维生素 $B_6$）和尼克酸（烟酸）等。毛兔饲料原料麸皮、次粉、豆粕、苜蓿草粉中都含有丰富的 B 族维生素，因此生产上很少出现典型缺乏症。

（1）硫胺素  家兔商品预混料中硫胺素含量为 0～2 毫克/千克。硫胺素添加量一般为 0.6～0.8 毫克/千克。

（2）核黄素  毛兔核黄素添加量为 0～6 毫克/千克。建议生长兔添加量为 3 毫克/千克，母兔 5 毫克/千克。

（3）泛酸  又称遍多酸，广泛存在于麸皮等饲料原料中。由于长毛兔盲肠内容物能合成相当数量的泛酸，故其缺乏症在生产上很少发生。

（4）烟酸  由于长毛兔盲肠内容物能合成相当数量的烟酸，故其在生产上的典型缺乏症很少发生。建议添加量为 0～180 毫克/千克。

（5）维生素 $B_6$　又叫吡哆素，包括吡哆醇、吡哆醛、吡哆胺，主要以辅酶的形式参与蛋白质和氨基酸的代谢。长毛兔对维生素 $B_6$ 需要量以 400 毫克/千克为宜，明显高于肉兔和獭兔。

（6）生物素　长毛兔生产中即使不添加生物素也不会出现缺乏症。文献推荐量为 0～200 微克/千克，且饲粮中添加生物素有利于幼兔生长。

（7）叶酸　建议在长毛兔饲粮中添加量为 0～5 毫克/千克。

（8）维生素 $B_{12}$　长毛兔在钴满足需要的情况下可以自身合成维生素 $B_{12}$，目前生产上很少出现维生素 $B_{12}$ 缺乏症，因此建议用量为 0～10 微克/千克。

（9）胆碱　长毛兔对胆碱的需要量建议为 1 000～1 500 毫克/千克。实际生产中，饲粮中通常含有胆碱 800 毫克/千克，因此毛兔全价饲粮中添加 200 毫克/千克胆碱即可满足需要。

（10）维生素 C　包括长毛兔在内的大多数哺乳动物，维生素 C 能够在肝脏中由 D-葡萄糖转化而来，因此动物对维生素 C 的需要并不是那么严格。但夏季高温时，在长毛兔饲料中添加维生素 C 能有效缓解长毛兔的热应激效应，提高公兔精液品质和母兔受胎率。毛兔饲粮中维生素 C 添加量为 50～100 毫克/千克，且维生素 C 的添加形式应注意保护，因为抗坏血酸在潮湿环境中容易与微量元素发生反应而被破坏。

## （六）水

长毛兔对水的需要量受环境温度、生理状态、饲料特性等多种因素的影响。在高温环境下，毛兔的采食量下降，饮水量增加。在温度适宜的情况下，毛兔饮水量是采食量的2倍。幼兔生长发育旺盛，饮水量高于成年兔；妊娠母兔需水量增加，母兔产前产后易感口渴，饮水不足会影响泌乳量，因此应注意保证供给充足洁净的饮水。

## 二、长毛兔的饲料原料种类及特点

长毛兔饲料种类繁多，营养成分各不相同，习惯上按照饲料的营养价值和饲料来源分类。第一种分类方式将饲料分为4类，分别是粗饲料、青绿多汁饲料、精饲料和特殊饲料；第二种分类方式将饲料分为5类，分别是植物性饲料、动物性饲料、微生物饲料、矿物质饲料和人工合成饲料。我国按照国际分类法将饲料分为八大类，分别是粗饲料、青绿饲料、青贮饲料、能量饲料、蛋白质饲料、矿物质饲料、维生素饲料和添加剂。

### （一）粗饲料

粗饲料是长毛兔的必备饲料。不仅可补充营养，降低成本，而且对于预防腹泻病起到举足轻重的作用。我国广大的农村粗饲料资源极其丰富，主要包括作物秸秆（如玉米秸、稻草、豆秸、谷草、豆荚、谷类皮壳等）、树叶（各种果树叶及一般树叶）、青干草及糟渣类。

**1. 作物秸秆** 小麦秸、玉米秸、稻草、玉米秸秆的数量在北方最多。其特点是粗纤维含量高（28%～39%），蛋白质少（3%～5%），钙、磷含量也少，消化率低，营养价值很低。但其仍是春冬季节的主要粗饲料，特别在北方地区显得更为重要。作物秸秆在饲喂前应粉碎，最好经过微生物发酵处理后使用。

**2. 荚壳类** 是农作物籽实脱壳时的副产品，包括谷壳、稻壳、高粱壳、花生壳、豆荚等。除了稻壳和花生壳外，荚壳的营养成分高于秸秆。豆荚的营养价值比其他荚壳高，尤其是粗蛋白质含量高。禾谷类荚壳中，谷壳含蛋白质和无氮浸出物较多，粗纤维较低，营养价值仅次于豆荚。另外，饲粮中添加适宜比例的花生壳、稻壳粉、豆秸粉等劣质粗饲料喂毛兔，能够维持肠道健康，但由于其粗纤维含量高（35%～55%），过量添加会影响生产性能。添加量应控制在15%以内。

**3. 青干草** 各种青干草和树叶均是毛兔的良好饲料原料。优质干草色绿味香，养分损失少，含水量不超过15%，一般在兔饲粮中可占20%～30%。利用天然草地上的牧草生产干草，其刈割高度因品种而不同，如甘草秧一般留茬高度5厘米。粗蛋白质含量因生育期及部位而不同，苜蓿叶中粗蛋白质为25.6%，茎10.4%，蕾期20%，初花期18.2%，盛花至结实期16.9%。氨基酸组成较平衡，其中赖氨酸0.82%，蛋氨酸0.21%，色氨酸0.43%，精氨酸0.78%，苏氨酸0.74%，胱氨酸0.22%，缬氨酸0.91%，异亮氨酸0.68%，亮氨酸1.2%，酪氨酸0.58%，苯丙氨酸0.82%，组氨酸0.39%。粗脂肪含量一般，大多以甘油一酸酯和甘油二酸酯存在。钙高，磷也不低且不含硅酸磷，微量元素以铁较多。富含维生素，其中β-胡萝卜素和叶黄素含量丰富，且苜蓿草粉中含有未知生长因子。豆科干草叶片容易脱落，调制、装运过程中应特别注意，尽量减少损失。

**4. 糟渣类饲料** 是生产酒、糖、醋、酱油等的副产品，它们的营养各具特色。有的富含蛋白质（如啤酒糟 22.2％，白酒糟 14％～27％）；有的含有一定的维生素（如酒糟类）；有的味甜（如甜菜渣），可提高适口性；有的含有一定的有机酸（如醋糟），可帮助消化。但是，它们或多或少都有一定的缺点，喂量要加以限制，喂前应妥善处理，及时晒干，防止受潮。酒糟类饲料在长毛兔全价饲粮中建议添加量为 15％～20％；醋糟一般控制在 15％ 以内；酱油糟含有较多的盐，不可添加过多，以防食盐中毒。

## （二）青绿饲料

青绿饲料是一类富含叶绿素的植物性饲料，包括天然牧草、栽培牧草、蔬菜和新鲜的树叶等。除了少量的有毒植物外，差不多所有青绿色的植物茎叶均可喂兔。它们的共同特点是水分含量高，粗纤维高，能量较低，蛋白质含量高、质量好，维生素丰富，矿物质全面，适口性好，是优质廉价的长毛兔饲料，也是农家养兔的主要饲料。长期饲喂这类饲料，可提高公兔的配种能力，提高母兔的受胎率、产仔数和泌乳量，可以少加或不加维生素，降低饲养成本。

**1. 人工栽培牧草**　常用的有苜蓿（紫花苜蓿和黄花苜蓿）、三叶草（红三叶和白三叶）、苕子（普通苕子和毛苕子）、紫云英（红花草）、草木樨、沙打旺、黑麦草、籽粒苋、串叶松香草、无芒雀麦、鲁梅克斯草等。其中，白三叶草、紫花苜蓿、苦麻菜、黑麦草、苏丹草、墨西哥甜玉米草、紫云英草等优质牧草产量大，可消化碳水化合物高，适口性好。

**2. 青饲作物**　常用的有青刈玉米、青刈高粱、青刈谷子、青刈大麦、青刈燕麦、青刈荞麦、大豆苗等。

（1）青刈玉米　是指玉米在乳熟至蜡熟期，不收获籽粒而将其收割作青绿饲料。可选择青刈玉米的专用品种或中晚熟品种，茎叶产量高。其营养特点是富含糖类，稍有甜味，家畜喜食。青刈玉米可青饲，也可作为青贮料的原料。

（2）青刈高粱　营养价值较高，含糖较多，味甜，适口性较好。但应注意新鲜高粱茎叶中含有氰苷配糖体，出苗后2～4周含量较高，生长期高温干燥时含量较高。这些氰苷配糖体在堆放发霉或霜冻枯萎时，在植物体内酶的作用下，被水解为氢氰酸，易造成家畜中毒。因此，发霉或受霜冻枯萎的青刈高粱不能饲喂畜禽。

（3）青刈燕麦　燕麦主要分布在西北、东北、华北的山区及高寒地带，青刈时可随割随喂，也可制成干草。青刈燕麦茎叶营养丰富，适口性好，柔软多汁，木质素含量较低，各种畜禽都喜食。

**3. 叶菜类饲料**　常用的有苦荬菜、聚合草、甘草、牛皮菜、蕹菜、大白菜和小白菜等。根茎瓜果类饲料常用的有甘薯、木薯、胡萝卜、甜菜、芜菁、甘蓝、萝卜、南瓜、佛手瓜等。这类饲料质地柔软，水分大，含水量一般为80%～90%；干物质中蛋白质含量高，如白菜叶18%，甘蓝叶16%。

**4. 树叶类饲料**　多数树叶可作为长毛兔饲料，常用的有紫穗槐叶、槐树叶、洋槐叶、榆树叶、松针、果树叶、桑叶、茶树叶及药用植物，如五味子和枸杞叶等。

（1）松针叶　营养丰富，每千克松针叶含胡萝卜素119.57毫克，维生素C 522毫克。松叶味涩，适口性差，用时稍煮沸，切碎拌入饲料中饲喂。

（2）槐树叶　含粗蛋白质20%，赖氨酸1.24%，蛋氨酸 0.2%，苏氨酸 0.79%。营养价值高于苜蓿粉。叶异味大，适口性差，喂时应逐渐增加。

**5. 水生饲料** 主要有水浮莲、水葫芦、水花生、绿萍等。这类饲料生长快、产量高、茎叶柔嫩，适口性好，粗纤维低，营养价值高。但是水生饲料容易被寄生虫污染，不耐储存，故很少用于毛兔生产。

### (三) 青贮饲料

青贮饲料主要用于饲喂反刍动物，很少用于毛兔生产。

### (四) 能量饲料

能量饲料指干物质中粗纤维含量 18% 以下，粗蛋白质含量 20% 以下，消化能含量 10.5 兆焦/千克以上的饲料。这类饲料的特点是无氮浸出物含量丰富，可以被家兔利用的能值高，适口性好，消化利用率高，在家兔饲养中占有极其重要的地位。

**1. 谷实类饲料**

（1）玉米 是禾本科籽实中含能量最高的饲料（含消化能 16.2~17.55 兆焦/千克）。其粗蛋白质含量为 7%~9%，在蛋白质的氨基酸组成中赖氨酸、蛋氨酸和色氨酸不足，蛋白质品质差。钙含量仅为 0.02%，磷含量约 0.3%。黄色玉米多含胡萝卜素，白色玉米则很少。玉米中含硫胺素多，核黄素少。粉碎的玉米含水分高于 14% 时易发霉酸败，产生真菌毒素，长毛兔对其很敏感，在饲喂时应注意。一般在配合料中所占比例不宜超过 35%。

（2）大麦 粗蛋白质含量高于玉米，约为 12%，且蛋白质的营养价值比玉米稍高。粗纤维含量为 6.9%，无氮浸出物、脂肪含量比玉米少，故其消化能含量较玉米低。钙和磷的含量比玉米稍高。胡萝卜素和维生素 D 含量不足，与其他谷物一样含硫胺素多，核黄素少，烟酸含量非常多。

（3）高粱　去壳的高粱其营养成分与玉米相似，以含淀粉为主，粗纤维少，可消化养分高。粗蛋白质含量约 8%，品质较差。含钙少，含磷多。胡萝卜素和维生素 D 含量少，B 族维生素的含量与玉米相同，烟酸含量多。由于高粱中含有单宁，且高粱的颜色越深含单宁越多，而使其适口性降差，所以，饲喂时应限量。在配合饲料中深色高粱不超过 10%，浅色高粱不超过 20%。若能除去或降低单宁，可与玉米同量使用。

**2. 糠麸类饲料**

（1）麦麸　包括小麦麸和大麦麸，由种皮、糊粉层及胚组成，其营养价值因面粉加工精粗不同而异，通常面粉加工越精，麦麸营养价值越高。麦麸的粗纤维含量较多，为 8%～12%；脂肪含量较低；每千克的消化能较低（13.32兆焦），属低能饲料；粗蛋白质含量较高，可达 12%～17%，质量也较好。含丰富的铁、锰、锌以及 B 族维生素、维生素 E、尼克酸和胆碱。钙少磷多（1∶8），且多为植酸磷。大麦麸能量和蛋白质含量略高于小麦麸。麦麸质地蓬松，适口性好，具有轻泻性和调节性。家兔产后喂以适量的麦麸粥，可以调养消化道的机能。用于喂兔经济实用。麦麸吸水性强，应注意防潮、防霉变结块。在配合料中一般用量为 30% 左右。

（2）米糠　稻谷的加工副产品，一般分为细糠、统糠和米糠饼。细糠是去壳稻粒的加工副产品，由种皮、糊粉层及胚组成。统糠是由稻谷直接加工而成，包括稻壳、种皮及少量碎米。米糠饼为米糠经压榨提油后的副产品。细糠没有稻壳，营养价值高，与玉米相似，但由于含不饱和脂肪酸较多，易氧化酸败，不易保存。统糠粗纤维含量高，尤其是含非纤维素物质高，营养价值差。米糠饼的脂肪和维生素含量低，其他营养成分基本保留，且适口性及消化率均有所改善。在配合料中细米糠和米糠饼的用量为 10％～20％，统糠不宜超过 15％。

**3. 块根、块茎和瓜类饲料**  包括木薯、马铃薯、胡萝卜、南瓜等。这类饲料水分含量高，脱水后无氮浸出物含量高达 68％～92％，大多数是易消化的淀粉，消化能含量相当于谷实类饲料。

**4. 制糖副产品**  糖蜜、甜菜渣等饲料也可作为毛兔饲料，糖蜜含糖量高达 46％～48％，主要是果糖。甘蔗糖蜜干物质中粗蛋白含量为 4％～5％，甜菜糖蜜约为 10％。毛兔饲料中加入糖蜜可以提高适口性，改善饲料颗粒质量，提高能量供应。添加量建议为 3％～6％。甜菜渣干燥后蛋白含量低，消化能较高，纤维组分易消化，消化率可达 70％。

### （五）蛋白质饲料

蛋白质饲料分植物性蛋白质饲料和动物性蛋白质饲料。

**1. 植物性蛋白质饲料**  主要有大豆饼（粕）、花生饼（粕）、菜籽饼（粕）等。

（1）大豆饼（粕）  为我国最常用的主要植物性蛋白质饲料。大豆饼（粕）含蛋白质较高，达 40％～45％，必需氨基酸的组成比例也比较好，尤其赖氨酸含量是饼粕类饲料中最高者，高达 25％～30％，蛋氨酸含量较少，仅含 0.5％～0.7％。豆类饲料中含有胰蛋白酶抑制因子，适当热处理后可使其失去活性，提高饲料利用率。

（2）棉籽饼（粕）　提取棉籽油后的副产品，一般含有32%～37%的粗蛋白质，赖氨酸和蛋氨酸含量均较低，分别为1.48%和0.54%，精氨酸含量达3.6%～3.8%。由于棉籽饼（粕）中含有一种有毒物质棉酚，对兔的健康有害，特别是对种兔的危害较大，在种公兔和妊娠兔饲粮中，不要使用棉籽饼（粕）；生长兔饲粮中，棉籽饼（粕）的添加量一般不超过8%。

（3）菜籽饼（粕）　油菜为十字花科植物，籽实含粗蛋白质20%左右，榨油后籽实中油脂减少，粗蛋白质相对增加到30%以上，代谢能较低。菜籽饼（粕）中含赖氨酸1.0%～1.8%、蛋氨酸高达0.8%，因此适用于产毛期毛兔。菜籽饼（粕）的适口性差，消化率较低，且含有芥子苷或称硫苷，各种芥子苷在不同条件下水解会生成异硫氰酸酯，对动物有害，饲喂量较大时，可能会造成中毒，故在长毛兔全价饲粮中菜籽饼（粕）用量不宜超过10%。

（4）花生饼（粕）　为一种良好的植物性蛋白质饲料，含粗蛋白质40%～49%，代谢能含量超过大豆饼（粕），是饼粕类饲料中可利用能量水平最高者，但赖氨酸和蛋氨酸含量不足，分别为1.5%～2.1%和0.4%～0.7%。花生饼（粕）适口性好，有香味，对于母兔有催乳和促生产作用，但花生饼（粕）中的霉菌毒素容易超标，使用时应注意防霉脱毒。

另外，其他一些含蛋白质较高的饲料资源还有向日葵饼（粕）（蛋白质含量去壳46.1%，带壳29.2%）、芝麻饼（粕）（蛋白质含量35.4%）、椰子饼（粕）（蛋白质含量24.7%）、核桃饼（粕）（蛋白质含量20%以上）及玉米胚芽粕或玉米蛋白粉（蛋白质含量20%以上）、豌豆粉丝蛋白粉（蛋白质含量 69％～71％）、啤酒厂的副产物麦芽根（蛋白含量 30％左右）等。芝麻饼渣的含硫氨基酸含量较高（总量 1.43％），适用于长毛兔产毛生产，但是用量不可过大（8％以内），否则易引起腹泻。

**2. 动物性蛋白质饲料**　主要有鱼粉、饲料酵母、骨肉粉、蚕蛹粉等，含有品质优良的蛋白质、钙磷及必需氨基酸（尤其是蛋氨酸和赖氨酸）。然而，动物性蛋白饲料沙门氏菌容易超标，在长毛兔全价饲粮中使用比例不大（1％～3％），很多兔场并不使用。

（1）鱼粉　价格较高，而且有特殊的鱼腥味，适口性差，故在毛兔饲粮中用量很少，一般控制在 3％以下为宜。

（2）羽毛粉　对于长毛兔的食毛症有较好的预防作用。

（3）肉骨粉　可补充钙和磷。

（4）饲料酵母　含有丰富的蛋白质、维生素、脂肪、矿物质等毛兔生长发育所必需的营养物质，是有待开发的优良蛋白质补充饲料之一。

### （六）矿物质饲料

矿物质饲料包括工业合成的、天然的单一矿物质饲料、混合矿物质饲料等。

**1. 食盐**　钠、氯的重要来源，具有增进家兔食欲，促进营养物质的消化吸收和维持体液平衡等作用。毛兔以植物饲料为主，一般植物性饲料富钾缺钠，因此在长毛兔饲粮中补充食盐极其重要。用量一般占全价饲粮的 0.3％～0.5％。

**2. 石粉**　长毛兔饲粮中最经济实惠的补钙饲料。贝壳粉也是一种廉价钙补充料，磷酸氢钙是钙、磷补充料。

**3. 骨粉**　骨粉、蛋壳粉等动物源性饲料，钙、磷含量均较高，它们的添加量可根据饲料中的含量与营养标准的差额确定，一般添加 1%～2%。

**4. 微量矿物质元素** 为铁、铜、锌、锰、硒、钴、碘的无机或有机化合物。

### （七）添加剂

饲料添加剂是指在长毛兔饲粮的加工、贮存、饲喂过程中，添加的少量或微量物质的总称。其目的在于补充常规饲料的不足，防止和延缓饲料品质的劣化，提高饲料的适口性和利用率，预防疾病，提高家兔的生产性能，改善产品质量等。生产实践证明，在饲料添加剂方面，有 1 份的投入可以换回 10 份及以上的回报。目前，生产上使用的添加剂主要有维生素添加剂、微量元素添加剂、氨基酸添加剂及绿色新型饲料添加剂。

**1. 维生素添加剂** 常用维生素有 14 种，其中脂溶性维生素 4 种，分别是维生素 A、维生素 D、维生素 E、维生素 K；水溶性维生素常用的有 10 种，包括硫胺素（维生素 $B_1$）、核黄素（维生素 $B_2$）、泛酸（维生素 $B_3$）、胆碱（维生素 $B_4$）、烟酸（烟酰胺、尼克酸、维生素 $B_5$）、吡哆醇（维生素 $B_6$）、生物素（维生素 $B_7$）、叶酸（维生素 $B_{11}$）、氰钴胺（维生素 $B_{12}$）及维生素 C（抗坏血酸）。一般情况下，毛兔体内可以合成维生素 C，能够满足正常需要。盲肠维生素能够合成大多数 B 族维生素和维生素 K，生产上很少出现典型缺乏症，但额外补充后能够提高机体抗氧化水平和免疫力。

**2. 微量元素添加剂** 为铁、铜、锌、锰、硒、钴、碘的无机或有机化合物，另外还有一些天然矿石，如沸石、麦饭石、膨润土、海泡石等，具有吸附、交换、缓释等多种功能，是微量元素饲料添加剂常用载体。

**3. 氨基酸添加剂**　根据毛兔氨基酸需要特点及饲料原料中氨基酸组成情况，毛兔生产中主要使用的是蛋氨酸、赖氨酸、胱氨酸和精氨酸等。从氨基酸化学结构来看，除甘氨酸外均存在 L-氨基酸和 D-氨基酸，用微生物发酵法生产的为 L-氨基酸，用化学合成的为 DL-氨基酸，一般 L 型比 DL 型效价高 1 倍，但对蛋氨酸来说两种形式效价相当。

**4. 绿色新型饲料添加剂**

（1）益生菌　主要是通过加强肠道微生物区系屏障或通过增加非特异性免疫，增强抗病力及提高饲料利用率，也被称为微生态制剂或饲用微生物添加剂。

（2）寡糖　又称低聚糖，是指 2～10 个单糖以糖苷键连接的化合物总称。这类化合物主要是被肠道微生物所利用，从而促进肠道有益菌的增殖。目前毛兔生产上使用最多的是寡果糖和异麦芽寡糖等。研究表明，饲粮中添加适宜寡糖能够改善毛兔健康状况，增强免疫力，提高饲料转化率。

（3）酶制剂　酶是动物机体合成的具有特殊功能的活性物质，具有催化机体内生化反应、促进新陈代谢等作用。作为饲料添加剂的主要是蛋白酶、淀粉酶、脂肪酶、纤维素酶、果胶酶、植酸酶等。毛兔生产上使用最多的是复合酶制剂。

（4）中草药制剂及提取物　中草药来源于天然植物，其成分复杂，通常含有多糖、生物碱、黄酮、苷类等，具有促生长、促泌乳、促发情，还有抗菌、消炎、解毒的作用。随着抗生素严禁作为促生长饲料添加剂使用，中草药添加剂是一种有待开发的绿色饲料添加剂。

# 三、长毛兔的饲养标准

随着我国养兔业的迅速发展，从 20 世纪 80 年代开始，许多科研单位和高等院校对长毛兔的饲养标准进行了全面深入的研究，制定出我国长毛兔的营养需要量，为毛兔饲料生产的标准化奠定了基础。

## （一）我国长毛兔的饲养标准

**1. 安哥拉兔营养需要量** 长毛兔生长、妊娠、哺乳、产毛（成年兔、不繁殖）阶段和种公兔适宜的饲粮营养成分含量见表 3-1。

**表 3-1 安哥拉兔营养需要量——推荐饲粮营养成分含量**

| 项目 | 生长兔 | | 妊娠母兔 | 哺乳母兔 | 产毛兔 | 种公兔 |
|---|---|---|---|---|---|---|
| | 断奶至 3 月龄 | 4～6 月龄 | | | | |
| 消化能（兆焦/千克） | 10.5 | 10.3 | 10.3 | 11.0 | 10.0～11.3 | 10.0 |
| 粗蛋白（CP,%） | 16～17 | 15～16 | 16 | 18 | 15～16 | 17 |
| 可消化粗蛋白（DCP,%） | 12～13 | 10～11 | 11.5 | 13.5 | 11 | 13 |
| 粗纤维（CF,%） | 14 | 16 | 14～15 | 12～13 | 13～17 | 16～17 |
| 粗脂肪（EE,%） | 3 | 3 | 3 | 3 | 3 | 3 |
| 蛋能比（克/兆焦） | 11.95 | 10.76 | 11.47 | 12.43 | 10.99 | 12.91 |
| 蛋氨酸＋胱氨酸（%） | 0.7 | 0.7 | 0.8 | 0.8 | 0.7 | 0.7 |

| 项目 | 生长兔 | | 妊娠母兔 | 哺乳母兔 | 产毛兔 | 种公兔 |
|---|---|---|---|---|---|---|
| | 断奶至 3 月龄 | 4～6 月龄 | | | | |
| 赖氨酸（%） | 0.8 | 0.8 | 0.8 | 0.9 | 0.7 | 0.8 |
| 精氨酸（%） | 0.8 | 0.8 | 0.8 | 0.9 | 0.7 | 0.9 |
| 钙（%） | 1.0 | 1.0 | 1.0 | 1.2 | 1.0 | 1.0 |
| 磷（%） | 0.5 | 0.5 | 0.5 | 0.8 | 0.5 | 0.5 |
| 食盐（%） | 0.3 | 0.3 | 0.3 | 0.3 | 0.3 | 0.2 |
| 铜（毫克/千克） | 2～200 | 10 | 10 | 10 | 20 | 10 |
| 锌（毫克/千克） | 50 | 50 | 70 | 70 | 70 | 70 |
| 锰（毫克/千克） | 30 | 30 | 50 | 50 | 30 | 50 |
| 钴（毫克/千克） | 0.1 | 0.1 | 0.1 | 0.1 | 0.1 | 0.1 |
| 维生素 A（国际单位/千克） | 8 000 | 8 000 | 8 000 | 10 000 | 6 000 | 12 000 |
| 胡萝卜素（微克/千克） | 0.83 | 0.83 | 0.83 | 1.0 | 0.62 | 1.2 |
| 维生素 D（国际单位/千克） | 900 | 900 | 900 | 1 000 | 900 | 1 000 |
| 维生素 E（毫克/千克） | 50 | 50 | 60 | 60 | 50 | 60 |

**2. 长毛兔每日采食量、消化能及蛋白质需要量** 见表 3-2 至表 3-4。

**表 3-2 生长、妊娠母兔、种公兔每日营养需要量**

| 体重<br>(LW，千克) | 日增重<br>(LWG，克) | 颗粒料采食量<br>(克) | 消化能<br>(DE，千焦) | 粗蛋白质<br>(克) | 可消化粗蛋白质<br>(DCP，克) |
|---|---|---|---|---|---|
| 生长兔、断奶至 3 月龄 | | | | | |
| 0.5 | 20 | 60~85 | 494 | 10.1 | 7.8 |
| | 25 | | 582 | 11.7 | 9.1 |
| | 30 | | 669 | 13.3 | 10.4 |
| 1.0 | 20 | 70~115 | 741 | 12.4 | 9.6 |
| | 25 | | 828 | 14.0 | 10.5 |
| | 30 | | 916 | 15.6 | 11.8 |
| 1.5 | 20 | 95~115 | 992 | 14.7 | 10.7 |
| | 25 | | 1 079 | 16.3 | 12.0 |
| | 30 | | 1 167 | 17.9 | 13.3 |
| 2.0 | 20 | 110~135 | 1 238 | 17.1 | 12.1 |
| | 25 | | 1 326 | 18.6 | 13.4 |
| | 30 | | 1 414 | 20.2 | 14.7 |

| 体重<br>(LW, 千克) | 日增重<br>(LWG, 克) | 颗粒料采食量<br>（克） | 消化能<br>(DE, 千焦) | 粗蛋白质<br>（克） | 可消化粗蛋白质<br>(DCP, 克) |
|---|---|---|---|---|---|
| 生长兔 4～6 月龄 | | | | | |
| 2.5 | 10 | 150～160 | 1 548 | 23 | 16 |
| | 15 | | 1 615 | 24 | 17 |
| 3.0 | 10 | 155～165 | 1 590 | 25 | 17 |
| | 15 | | 1 657 | 26 | 18 |
| 3.5 | 10 | 160～170 | 1632 | 27 | 18 |
| | 15 | | 1 699 | 28 | 19 |
| 妊娠母兔，每窝产仔 7 只，每日产毛 2 克以上，日增重不含胎儿 | | | | | |
| 3.5～4.0 | 73 | ＞170 | 1 695 | 28 | 20 |
| | | | 1 715 | | |
| 种公兔，配种期，每日产毛 2 克以上 | | | | | |
| 3.5～4.0 | 2 | 160 | 1 590 | 27 | 20 |

## 表 3-3 哺乳母兔每日营养需要量

| 体重<br>(LW, 千克) | 日增重<br>(LWG, 克) | 哺乳量<br>(克/天) | 颗粒料采食量<br>(克) | 消化能<br>(DE, 千焦) | 粗蛋白质<br>(克) | 可消化粗蛋白质<br>(DCP, 克) |
|---|---|---|---|---|---|---|
| 3.5 | 2 | 100 | >220 | 2 259 | 38 | 27 |
| | | 150 | | 2 565 | 42 | 30 |
| | | 200 | | 2 874 | 46 | 33 |
| 4.0 | 2 | 100 | >230 | 2 318 | 38 | 27 |
| | | 150 | | 2 628 | 42 | 30 |
| | | 200 | | 2 929 | 46 | 33 |

## 表 3-4 产毛兔每日营养需要量

| 体重<br>(LW, 千克) | 日增重<br>(LWG, 克) | 颗粒料采食量<br>(克) | 消化能<br>(DE, 千焦) | 粗蛋白质<br>(克) | 可消化粗蛋白质<br>(DCP, 克) |
|---|---|---|---|---|---|
| 3.5 | 0 | 155~180 | 1 536 | 25 | 18 |
| | | | 1 648 | 28 | 20 |
| 4.0 | 0 | 160~185 | 1 602 | 25 | 18 |
| | | | 1 715 | 28 | 20 |

## （二）国外长毛兔的饲养标准

**1. 德国长毛兔的营养需要推荐量**　见表 3-5。

表 3-5　德国长毛兔的营养需要

| 养分（单位） | 产毛兔 | 种公兔 | 妊娠母兔 |
|---|---|---|---|
| 可消化能（兆焦/千克） | 12.13 | 10.88 | 9.2～10.88 |
| 可消化总养分（%） | 605 | 600 | 550～600 |
| 粗蛋白质（%） | 16～18 | 15～17 | 15～17 |
| 粗脂肪（%） | 3～5 | 2～4 | 2 |
| 粗纤维（%） | 9～12 | 10～14 | 14～16 |
| 钙（%） | 1.0 | 1.0 | 1.0 |
| 磷（%） | 0.5 | 0.5 | 0.3～0.5 |
| 镁（毫克/千克） | 300 | 300 | 300 |
| 食盐（%） | 0.5～0.7 | 0.5～0.7 | 0.5 |
| 钾（%） | 1.0 | 1.0 | 0.7 |
| 铜（毫克/千克） | 20 | 10 | 10 |
| 铁（毫克/千克） | 100 | 50 | 50 |
| 锰（毫克/千克） | 30 | 30 | 10 |
| 锌（毫克/千克） | 40 | 40 | 40 |
| 维生素 A（国际单位/千克） | 8 000 | 8 000 | 6 000 |
| 维生素 D（国际单位/千克） | 1 000 | 800 | 500 |
| 维生素 E（毫克/千克） | 40 | 40 | 20 |
| 维生素 K（毫克/千克） | 1 | 2 | 1 |
| 胆碱（毫克/千克） | 1 500 | 1 500 | 1 500 |
| 烟酸（毫克/千克） | 50 | 50 | 50 |
| 维生素 B_6（毫克/千克） | 400 | 300 | 300 |
| 生物素（毫克/千克） | — | — | 250 |
| 赖氨酸（%） | 1.0 | 1.0 | 1.5 |
| 蛋氨酸＋胱氨酸（%） | 0.4～0.6 | 0.7 | 0.6～0.7 |
| 精氨酸（%） | 0.6 | 0.6 | 0.6 |

## 2. 美国国家研究委员会（NRC）的饲养标准  见表 3-6。

表 3-6  NRC（1997）兔的饲养标准（每千克饲粮中的含量或百分率）

| 养分 | 生长 | 维持 | 妊娠 | 泌乳 |
|---|---|---|---|---|
| 消化能（兆焦/千克） | 10.46 | 8.79 | 10.46 | 10.46 |
| 可消化总养分（%） | 65 | 55 | 58 | 70 |
| 粗纤维（%） | 10～12 | 14 | 10～12 | 10～12 |
| 粗脂肪（%） | 2 | 2 | 2 | 2 |
| 粗蛋白（%） | 16 | 12 | 15 | 17 |
| 钙（%） | 0.4 | | 0.45 | 0.75 |
| 磷（%） | 0.22 | | 0.37 | 0.5 |
| 镁（毫克/千克） | 300～400 | 300～400 | 300～400 | 300～400 |
| 钾（%） | 0.6 | 0.6 | 0.6 | 0.6 |
| 钠（%） | 0.2 | 0.2 | 0.2 | 0.2 |
| 氯（%） | 0.3 | 0.3 | 0.3 | 0.3 |
| 铜（毫克/千克） | 3 | 3 | 3 | 3 |
| 硒（毫克/千克） | 0.2 | 0.2 | 0.2 | 0.2 |
| 锰（毫克/千克） | 8.5 | 2.5 | 2.5 | 2.5 |
| 维生素 A（国际单位/千克） | 580 | | >160 | |
| 胡萝卜素（毫克/千克） | 0.83 | | 0.83 | |
| 维生素 E（毫克/千克） | 40 | | 40 | 40 |
| 维生素 K（毫克/千克） | | | 0.2 | |
| 烟酸（毫克/千克） | 180 | | | |
| 维生素 $B_6$（毫克/千克） | 39 | | | |
| 胆碱（克/千克） | 1.2 | | | |

| 养分 | 生长 | 维持 | 妊娠 | 泌乳 |
|---|---|---|---|---|
| 赖氨酸（%） | 0.65 | | | |
| 蛋氨酸＋胱氨酸（%） | 0.60 | | | |
| 精氨酸（%） | 0.6 | | | |
| 组氨酸（%） | 0.3 | | | |
| 亮氨酸（%） | 1.1 | | | |
| 异亮氨酸（%） | 0.6 | | | |
| 苯丙氨酸＋酪氨酸（%） | 1.1 | | | |
| 苏氨酸（%） | 0.6 | | | |
| 色氨酸（%） | 0.2 | | | |
| 缬氨酸（%） | 0.7 | | | |

### 3. 美国《动物营养学》的饲养标准　见表 3-7。

表 3-7　美国《动物营养学》家兔营养需要水平

| 成分 | 成年兔、未孕母兔、怀孕初期母兔 | 怀孕后期母兔、泌乳带仔母兔 | 生长兔、育肥兔 |
|---|---|---|---|
| 蛋白质（%） | 12～16 | 16～17 | 17～18 |
| 能量（TDN,%） | 65 | 70～80 | 80 |
| 消化能（兆焦/千克） | 11.42 | 12.30～14.06 | 14.06 |
| 脂肪（%） | 2～4 | 2～6 | 2～6 |
| 纤维（%） | 12～14 | 10～12 | 10～12 |
| 钙（%） | 1.0 | 1.0～1.2 | 1.0～1.2 |
| 磷（%） | 0.4 | 0.4～0.8 | 0.4～0.8 |
| 食盐（%） | 0.5 | 0.65 | 0.65 |

| 成分 | 成年兔、未孕母兔、怀孕初期母兔 | 怀孕后期母兔、泌乳带仔母兔 | 生长兔、育肥兔 |
|---|---|---|---|
| 镁（%） | 0.25 | 0.25 | 0.25 |
| 钾（%） | 1.0 | 1.5 | 1.5 |
| 锰（毫克/千克） | 30 | 50 | 50 |
| 锌（毫克/千克） | 20 | 30 | 30 |
| 铁（毫克/千克） | 100 | 100 | 100 |
| 铜（毫克/千克） | 10 | 10 | 10 |
| 蛋氨酸＋胱氨酸（%） | 0.5 | 0.56 | 0.56 |
| 赖氨酸（%） | 0.6 | 0.8 | 0.8 |
| 精氨酸（%） | 0.6 | 0.8 | 0.8 |
| 维生素 A（国际单位/千克） | 8 000 | 9 000 | 9 000 |
| 维生素 D（国际单位/千克） | 1 000 | 1 000 | 1 000 |
| 维生素 E（国际单位/千克） | 20 | 40 | 40 |
| 维生素 K（毫克/千克） | 1.0 | 1.0 | 1.0 |
| 尼克酸（毫克/千克） | 30 | 50 | 50 |
| 胆碱（毫克/千克） | 1 300 | 1 300 | 1 300 |
| 维生素 $B_{12}$（毫克/千克） | 10 | 10 | 10 |
| 维生素 $B_6$（毫克/千克） | 1.0 | 1.0 | 1.0 |

应用饲养标准配制毛兔全价饲粮可以经济有效地利用饲料资源，然而毛兔营养需要量并非一成不变，这是由于饲养标准反映的是毛兔生理活动或生产水平与营养素供应之间的

定量关系，是一个群体平均指标，特别是对饲粮中营养物质含量的规定更依赖于毛兔群体生产水平和饲粮原料组成。因此，长毛兔生产者应注意总结生产效果，根据兔群具体生产水平及特定饲养条件，及时调整饲粮配方。

## 四、长毛兔饲料原料及添加剂的营养价值

### （一）长毛兔常用饲料原料成分及营养价值

**1.** 长毛兔常用饲料原料（30 种）及饲料原料描述　见表 3-8。

**2.** 长毛兔常用饲料原料（30 种）成分和营养价值　见表 3-9。

**3.** 长毛兔常用饲料原料（30 种）氨基酸含量　见表 3-10。

**4.** 长毛兔常用饲料原料（30 种）矿物质及维生素含量　见表 3-11。

### （二）长毛兔常用饲料添加剂及营养成分

**1.** 长毛兔常用常量元素添加剂及元素含量　见表 3-12。

**2.** 长毛兔常用维生素添加剂及维生素含量　见表 3-13。

**3.** 长毛兔常用微量元素添加剂及元素含量　见表 3-14。

**4.** 长毛兔常用氨基酸添加剂及氨基酸含量　见表 3-15。

表 3-8 长毛兔常用饲料原料及饲料原料描述

| 序号 | 饲料名称 | 英文名称 | 中国饲料料号 | 饲料原料描述 |
|---|---|---|---|---|
| 1 | 玉米 | Corn grain | 4-07-0280 | 玉米籽实、成熟，符合《饲料用玉米》（GB/T 17890—2008）2 级标准 |
| 2 | 小麦 | Wheat grain | 4-07-0270 | 小麦籽实、混合小麦、成熟，符合《小麦》（GB 1351—2008）2 级标准 |
| 3 | 大麦（皮） | Barley grain | 4-07-0277 | 皮大麦、成熟，符合《饲料用皮大麦》（GB 10367—89）1 级指标 |
| 4 | 燕麦 | Oat seed | — | 成熟、燕麦的籽实 |
| 5 | 高粱 | Sorghum grain | — | 高粱籽实、成熟，符合《绿色食品 高粱》（NY/T 895—2015）1 级标准 |
| 6 | 稻谷 | Paddy | 4-07-0273 | 禾本科草本植物栽培稻的籽实，成熟、晒干，符合《绿色食品 稻谷》（NY/T 2978—2016）2 级标准 |
| 7 | 碎米 | Broken rice | 4-07-0275 | 加工精米后副产品，符合《粮油检验 碎米检验法》（GB/T 5503—2009）1 级标准 |
| 8 | 甘薯干 | Sweet potato tuber flake | 4-04-0068 | 甘薯干片、晒干，符合《饲料用甘薯干》（NY/T 121—1989）标准 |
| 9 | 次粉 | Wheat middling | 4-08-0105 | 黑面、黄粉、下面；符合《饲料用次粉》（NY/T 211—92）2 级标准 |

| 序号 | 饲料名称 | 英文名称 | 中国饲料号 | 饲料原料描述 |
|---|---|---|---|---|
| 10 | 小麦麸 | Wheat bran | 4-08-0070 | 传统制粉工艺副产物；符合《饲料用小麦麸》(GB 10368—89) 2级标准 |
| 11 | 米糠 | Rice bran | 4-08-0041 | 糙米在碾压过程中分离出的表层、胚乳。新鲜。不脱脂。符合《饲料用大豆粕》(NY/T 19541—2017) 2级标准 |
| 12 | 大豆 | Soybean | 5-09-0127 | 豆科草本植物栽培大豆的种子，成熟。符合《大豆》(GB 1352—86) 2级标准 |
| 13 | 大豆粕 | Soybean meal | 5-10-0102 | 浸提或预压浸提。符合《米糠》(NY/T 122—1989) 1级标准 |
| 14 | 菜籽粕 | Rapeseed meal | 5-10-0121 | 浸提，符合《饲料用菜籽粕》(GB/T 23736—2009) 2级标准 |
| 15 | 向日葵仁粕 | Sunflower meal | 5-10-0243 | 部分脱壳（壳仁比 24∶76）后剩余物粉碎烘干的产品；符合《饲料用向日葵仁饼》(NY/T 128—1989) 2级标准 |
| 16 | 玉米DDGS | Distiller dried grains with solubles | 5-11-0007 | 玉米酒精糟及可溶物。脱水干燥后产物 |
| 17 | 猪油 | Lard | 4-17-0002 | 猪分割组织过程中获得的含脂肪部分。经提炼获得的油脂 |

| 序号 | 饲料名称 | 英文名称 | 中国饲料号 | 饲料原料描述 |
|---|---|---|---|---|
| 18 | 大豆油 | Soybean oil | 4-17-0012 | 大豆经压榨或浸提制取的油（粗制） |
| 19 | 苜蓿草粉(CP19%) | Alfalfa meal | 1-05-0074 | 一茬盛花期烘干，符合《饲草青贮技术规程 花苜蓿》(NY/T 2697—2015) 1级标准 紫 |
| 20 | 苜蓿草粉(CP17%) | Alfalfa meal | 1-05-0075 | 一茬盛花期烘干，符合《饲草青贮技术规程 花苜蓿》(NY/T 2697—2015) 2级标准 紫 |
| 21 | 苜蓿草粉(CP14%~15%) | Alfalfa meal | 1-05-0076 | 一茬盛花期烘干，符合《饲草青贮技术规程 花苜蓿》(NY/T 2697—2015) 3级标准 紫 |
| 22 | 花生秧 | Peanut vine | — | 花生收获后，花生秧晒干粉碎 |
| 23 | 花生壳 | Peanut shell | — | 花生的外壳，主要由纤维组成 |
| 24 | 甜菜渣 | Beet slag | — | 甜菜制糖后所剩副产物，主要由纤维组成 |
| 25 | 稻草 | Rice Straw | — | 水稻收获后，稻草晒干粉碎 |
| 26 | 大豆壳（皮） | Soybean hull | — | 大豆经脱皮工艺脱下的种皮 |
| 27 | 葵花籽壳 | Sunflower hull | — | 葵花籽的外壳（瓜子皮） |
| 28 | 小麦秸 | Wheat straw | — | 小麦收获后，秸秆粉碎 |

| 序号 | 饲料名称 | 英文名称 | 中国饲料号 | 饲料原料描述 |
|---|---|---|---|---|
| 29 | 玉米秸 | Corn straw | — | 玉米收获后，秸秆晒干 |
| 30 | 全株玉米（脱水） | Whole plant corn (dehydrated) | — | 整株玉米收割后脱水 |

注："—"表示无。

### 表3-9 长毛兔常用饲料原料成分和营养价值

| 序号 | 饲料名称 | 干物质(%) | 粗蛋白质(%) | 粗脂肪(%) | 粗纤维(%) | 粗灰分(%) | 中性洗涤纤维(%) | 酸性洗涤纤维(%) | 酸性洗涤木质素(%) | 淀粉(%) | 钙(%) | 总磷(%) | 消化能(兆焦/千克) |
|---|---|---|---|---|---|---|---|---|---|---|---|---|---|
| 1 | 玉米 | 86.0 | 7.8 | 3.5 | 1.6 | 1.3 | 7.9 | 2.6 | 0.5 | 62.6 | 0.02 | 0.27 | 13.00 |
| 2 | 小麦 | 88.0 | 13.4 | 1.7 | 1.9 | 1.9 | 13.3 | 3.9 | 0.9 | 54.6 | 0.17 | 0.41 | 12.90 |
| 3 | 大麦（皮） | 87.0 | 11.0 | 1.7 | 4.8 | 2.4 | 18.4 | 6.8 | 0.9 | 52.2 | 0.09 | 0.33 | 12.90 |
| 4 | 燕麦 | 88.0 | 9.8 | 4.8 | 12.2 | 2.7 | 32.8 | 14.9 | 2.5 | 36.2 | 0.11 | 0.32 | 10.90 |
| 5 | 高粱 | 86.0 | 9.0 | 3.4 | 1.4 | 1.8 | 17.4 | 8.0 | — | 68.0 | 0.13 | 0.36 | 9.86 |
| 6 | 稻谷 | 86.0 | 7.8 | 1.6 | 8.2 | 4.6 | 27.4 | 13.7 | — | — | 0.03 | 0.36 | 10.45 |

| 序号 | 饲料名称 | 干物质（%） | 粗蛋白质（%） | 粗脂肪（%） | 粗纤维（%） | 粗灰分（%） | 中性洗涤纤维（%） | 酸性洗涤纤维（%） | 酸性洗涤木质素（%） | 淀粉（%） | 钙（%） | 总磷（%） | 消化能（兆焦/千克） |
|---|---|---|---|---|---|---|---|---|---|---|---|---|---|
| 7 | 碎米 | 88.0 | 10.4 | 2.2 | 1.1 | 1.6 | 0.8 | 0.6 | — | 51.6 | 0.06 | 0.35 | 11.85 |
| 8 | 甘薯干 | 87.0 | 4.0 | 0.8 | 2.8 | 3.0 | 8.1 | 4.1 | 2.1 | 64.5 | 0.19 | 0.02 | 12.05 |
| 9 | 次粉 | 87.0 | 13.6 | 2.1 | 2.8 | 1.8 | 31.9 | 10.5 | 2.7 | 36.7 | 0.08 | 0.48 | 11.20 |
| 10 | 小麦麸 | 87.0 | 14.3 | 4.0 | 6.8 | 4.8 | 41.3 | 11.9 | 3.5 | 19.8 | 0.10 | 0.93 | 10.30 |
| 11 | 米糠 | 87.0 | 12.8 | 16.5 | 5.7 | 7.5 | 22.9 | 13.4 | 3.6 | 27.4 | 0.07 | 1.43 | 12.45 |
| 12 | 大豆 | 87.0 | 35.5 | 17.3 | 4.3 | 4.2 | 7.9 | 7.3 | 0.8 | 2.6 | 0.27 | 0.48 | 17.35 |
| 13 | 大豆粕 | 89.0 | 44.2 | 1.9 | 5.9 | 6.1 | 13.6 | 9.6 | 0.8 | 3.5 | 0.33 | 0.62 | 13.35 |
| 14 | 菜籽粕 | 88.0 | 38.6 | 1.4 | 11.8 | 7.3 | 20.7 | 16.8 | 8.6 | 6.1 | 0.65 | 1.02 | 11.35 |
| 15 | 向日葵仁粕 | 88.0 | 33.6 | 1.0 | 14.8 | 5.3 | 32.8 | 23.5 | 7.2 | 4.4 | 0.26 | 1.03 | 11.00 |
| 16 | 玉米DDGS | 89.2 | 27.5 | 10.1 | 6.6 | 5.1 | 27.6 | 12.2 | — | 26.7 | 0.05 | 0.71 | 9.25 |
| 17 | 猪油 | 99.5 | — | 99.0 | — | — | — | — | — | — | — | — | 33.45 |

| 序号 | 饲料名称 | 干物质（%） | 粗蛋白质（%） | 粗脂肪（%） | 粗纤维（%） | 粗灰分（%） | 中性洗涤纤维（%） | 酸性洗涤纤维（%） | 酸性洗涤木质素（%） | 淀粉（%） | 钙（%） | 总磷（%） | 消化能（兆焦/千克） |
|---|---|---|---|---|---|---|---|---|---|---|---|---|---|
| 18 | 大豆油（粗制） | 99.0 | — | 98.0 | — | 0.5 | — | — | — | — | — | — | 34.55 |
| 19 | 苜蓿草粉（CP19%） | 87.0 | 19.1 | 2.3 | 22.7 | 7.6 | 36.7 | 25.0 | 6.0 | 6.1 | 1.40 | 0.51 | 8.3 |
| 20 | 苜蓿草粉（CP17%） | 87.0 | 17.2 | 2.6 | 25.6 | 8.3 | 39.0 | 28.6 | 6.9 | 3.4 | 1.52 | 0.22 | 7.4 |
| 21 | 苜蓿草粉（CP14%~15%） | 87.0 | 14.3 | 2.1 | 29.8 | 10.1 | 36.8 | 32.9 | 7.9 | — | 1.4 | 0.26 | 6.75 |
| 22 | 花生秧 | 89.0 | 10.46 | 2.1 | 24.0 | 11.0 | 51.3 | 36.9 | 9.8 | — | 1.34 | 0.19 | 5.89 |
| 23 | 花生壳 | 90.0 | 8.7 | 1.7 | 50.9 | 9.2 | 63.3 | 55.3 | 21.1 | — | 0.53 | 0.10 | 5.57 |
| 24 | 甜菜渣 | 89.0 | 8.1 | 0.9 | 17.3 | 6.8 | 40.5 | 20.6 | 1.9 | — | 1.32 | 0.09 | 10.3 |
| 25 | 稻草 | 90.0 | 6.0 | 0.5 | 29.5 | 16.2 | 58.5 | 34.0 | 2.2 | — | — | — | 2.5 |
| 26 | 大豆壳（皮） | 89.0 | 12.0 | 2.2 | 34.2 | 4.7 | 56.4 | 40.4 | 2.1 | — | 0.49 | 0.14 | 7.2 |

| 序号 | 饲料名称 | 干物质（%） | 粗蛋白质（%） | 粗脂肪（%） | 粗纤维（%） | 粗灰分（%） | 中性洗涤纤维（%） | 酸性洗涤纤维（%） | 酸性洗涤木质素（%） | 淀粉（%） | 钙（%） | 总磷（%） | 消化能（兆焦/千克） |
|---|---|---|---|---|---|---|---|---|---|---|---|---|---|
| 27 | 葵花籽壳 | 90.0 | 5.4 | 4.0 | 46.8 | 3.4 | 69.3 | 56.2 | 20.2 | —— | 0.4 | 0.2 | 4.3 |
| 28 | 小麦秸 | 91.0 | 3.8 | 1.3 | 38.2 | 5.9 | 72.1 | 45.8 | 7.5 | 0.7 | 0.44 | 0.07 | 2.8 |
| 29 | 玉米秸 | 90.0 | 5.6 | 2.3 | 28.3 | 6.4 | 63.4 | 35.2 | 4.0 | —— | 0.46 | 0.11 | 4.84 |
| 30 | 全株玉米（脱水） | 90.0 | 7.2 | 2.5 | 12.6 | 3.6 | 36.0 | 15.3 | 1.0 | 33.0 | 0.3 | 0.28 | 8.52 |

注：①数据主要来源于中国饲料数据库情报网中心发布的《中国饲料成分及营养价值表》《中国饲料学》（张子仪主编，2000），《Nutrition of the Rabbit》（Ed. C. de Blas and J. Wiseman, 2nd Ed.，2010），《饲料成分与营养价值表》（谯仕彦等主译，2005）。

②"——"表示无；"—"表示数据不详。

表3-10　长毛兔常用饲料原料氨基酸含量（%）

| 序号 | 饲料名称 | 干物质（%） | 粗蛋白质（%） | 精氨酸 | 组氨酸 | 异亮氨酸 | 亮氨酸 | 赖氨酸 | 蛋氨酸 | 胱氨酸 | 苯丙氨酸 | 酪氨酸 | 苏氨酸 | 色氨酸 | 缬氨酸 |
|---|---|---|---|---|---|---|---|---|---|---|---|---|---|---|---|
| 1 | 玉米 | 86.0 | 7.8 | 0.37 | 0.20 | 0.24 | 0.93 | 0.23 | 0.15 | 0.15 | 0.38 | 0.31 | 0.29 | 0.06 | 0.35 |
| 2 | 小麦 | 88.0 | 13.4 | 0.62 | 0.30 | 0.46 | 0.89 | 0.35 | 0.21 | 0.30 | 0.61 | 0.37 | 0.38 | 0.15 | 0.56 |
| 3 | 大麦（皮） | 87.0 | 11.0 | 0.65 | 0.24 | 0.52 | 0.91 | 0.42 | 0.18 | 0.18 | 0.59 | 0.35 | 0.41 | 0.12 | 0.64 |

| 序号 | 饲料名称 | 干物质 | 粗蛋白质 | 精氨酸 | 组氨酸 | 异亮氨酸 | 亮氨酸 | 赖氨酸 | 蛋氨酸 | 胱氨酸 | 苯丙氨酸 | 酪氨酸 | 苏氨酸 | 色氨酸 | 缬氨酸 |
|---|---|---|---|---|---|---|---|---|---|---|---|---|---|---|---|
| 4 | 燕麦 | 88.0 | 9.8 | 0.66 | 0.21 | 0.37 | 0.72 | 0.41 | 0.18 | 0.32 | 0.49 | 0.35 | 0.34 | 0.12 | 0.52 |
| 5 | 高粱 | 86.0 | 9.0 | 0.33 | 0.18 | 0.35 | 1.08 | 0.18 | 0.17 | 0.12 | 0.45 | 0.32 | 0.26 | 0.08 | 0.44 |
| 6 | 稻谷 | 86.0 | 7.8 | 0.57 | 0.15 | 0.32 | 0.58 | 0.29 | 0.19 | 0.16 | 0.40 | 0.37 | 0.25 | 0.10 | 0.47 |
| 7 | 碎米 | 88.0 | 10.4 | 0.78 | 0.27 | 0.39 | 0.74 | 0.42 | 0.22 | 0.17 | 0.49 | 0.39 | 0.38 | 0.12 | 0.57 |
| 8 | 甘薯干 | 87.0 | 4.0 | 0.16 | 0.08 | 0.17 | 0.26 | 0.16 | 0.06 | 0.08 | 0.19 | 0.13 | 0.18 | 0.05 | 0.27 |
| 9 | 次粉 | 87.0 | 13.6 | 0.85 | 0.33 | 0.48 | 0.98 | 0.52 | 0.16 | 0.33 | 0.63 | 0.45 | 0.50 | 0.18 | 0.68 |
| 10 | 小麦麸 | 87.0 | 14.3 | 0.88 | 0.37 | 0.46 | 0.88 | 0.56 | 0.22 | 0.31 | 0.57 | 0.34 | 0.45 | 0.18 | 0.65 |
| 11 | 米糠 | 87.0 | 12.8 | 1.06 | 0.39 | 0.63 | 1.00 | 0.74 | 0.25 | 0.19 | 0.63 | 0.50 | 0.48 | 0.14 | 0.81 |
| 12 | 大豆 | 87.0 | 35.5 | 2.57 | 0.59 | 1.28 | 2.72 | 2.20 | 0.56 | 0.70 | 1.42 | 0.64 | 1.41 | 0.45 | 1.50 |
| 13 | 大豆粕 | 89.0 | 44.2 | 3.38 | 1.17 | 1.99 | 3.35 | 2.68 | 0.59 | 0.65 | 2.21 | 1.47 | 1.71 | 0.57 | 2.09 |
| 14 | 菜籽粕 | 88.0 | 38.6 | 1.83 | 0.86 | 1.29 | 2.34 | 1.30 | 0.63 | 0.87 | 1.45 | 0.97 | 1.49 | 0.43 | 1.74 |
| 15 | 向日葵仁粕 | 88.0 | 33.6 | 2.89 | 0.74 | 1.39 | 2.07 | 1.13 | 0.69 | 0.50 | 1.43 | 0.91 | 1.14 | 0.37 | 1.58 |
| 16 | 玉米DDGS | 89.2 | 27.5 | 1.23 | 0.75 | 1.06 | 3.21 | 0.87 | 0.56 | 0.57 | 1.40 | 1.09 | 1.04 | 0.22 | 1.41 |
| 17 | 猪油 | 99.5 | — | — | — | — | — | — | — | — | — | — | — | — | — |
| 18 | 大豆油（粗制） | 99.0 | — | — | — | — | — | — | — | — | — | — | — | — | — |
| 19 | 苜蓿草粉（CP19%） | 87.0 | 19.1 | 0.78 | 0.39 | 0.68 | 1.20 | 0.82 | 0.21 | 0.22 | 0.82 | 0.58 | 0.74 | 0.43 | 0.91 |

（续）

| 序号 | 饲料名称 | 干物质 | 粗蛋白质 | 精氨酸 | 组氨酸 | 异亮氨酸 | 亮氨酸 | 赖氨酸 | 蛋氨酸 | 胱氨酸 | 苯丙氨酸 | 酪氨酸 | 苏氨酸 | 色氨酸 | 缬氨酸 |
|---|---|---|---|---|---|---|---|---|---|---|---|---|---|---|---|
| 20 | 苜蓿草粉（CP17%） | 87.0 | 17.2 | 0.74 | 0.32 | 0.66 | 1.10 | 0.81 | 0.20 | 0.16 | 0.81 | 0.54 | 0.69 | 0.37 | 0.85 |
| 21 | 苜蓿草粉（CP14%~15%） | 87.0 | 14.3 | 0.61 | 0.19 | 0.58 | 1.00 | 0.60 | 0.18 | 0.15 | 0.59 | 0.38 | 0.45 | 0.24 | 0.58 |
| 22 | 花生秧 | 89.0 | 10.46 | —— | —— | —— | —— | —— | —— | —— | —— | —— | —— | —— | —— |
| 23 | 花生壳 | 90.0 | 8.7 | —— | —— | —— | —— | —— | —— | —— | —— | —— | —— | —— | —— |
| 24 | 甜菜渣 | 89.0 | 8.1 | 0.40 | 0.30 | 0.36 | 0.57 | 0.64 | 0.15 | 0.11 | 0.37 | 0.47 | 0.40 | 0.08 | 0.55 |
| 25 | 稻草 | 90.0 | 6.0 | —— | —— | —— | —— | —— | —— | —— | —— | —— | —— | —— | —— |
| 26 | 大豆壳（皮） | 89.0 | 12.0 | 0.59 | 0.28 | 0.44 | 0.74 | 0.71 | 0.14 | 0.19 | 0.45 | 0.36 | 0.43 | 0.14 | 0.51 |
| 27 | 葵花籽壳 | 90.0 | 5.4 | —— | —— | —— | —— | 0.23 | 0.12 | 0.13 | —— | —— | 0.23 | —— | —— |
| 28 | 小麦秸 | 90.0 | 3.6 | —— | —— | —— | —— | —— | —— | —— | —— | —— | —— | —— | —— |
| 29 | 玉米秸 | 90.0 | 5.6 | —— | —— | —— | —— | —— | —— | —— | —— | —— | —— | —— | —— |
| 30 | 全株玉米（脱水） | 90.0 | 7.2 | —— | —— | —— | —— | 0.25 | 0.09 | 0.08 | —— | —— | 0.26 | —— | —— |

注：①数据主要来源于中国饲料数据库情报网中心发布的《中国饲料成分及营养价值表》《中国饲料学》（张子仪主编，2000）、《Nutrition of the Rabbit》（Ed. C. de Blas and J. Wiseman, 2nd Ed. , 2010）、《饲料成分与营养价值表》（谯仕彦等主译，2005）。

②"——"表示无；"——"表示数据不详。

表3-11 长毛兔常用饲料原料矿物质及维生素含量（毫克/千克）

| 序号 | 饲料名称 | 钠(%) | 氯(%) | 镁(%) | 钾(%) | 铁 | 铜 | 锰 | 锌 | 硒 | 胡萝卜素 | 维生素E | 维生素B₁ | 维生素B₂ | 泛酸 | 烟酸 | 生物素 | 叶酸 | 胆碱 | 维生素B₁₂ |
|---|---|---|---|---|---|---|---|---|---|---|---|---|---|---|---|---|---|---|---|---|
| 1 | 玉米 | 0.01 | 0.04 | 0.11 | 0.29 | 36 | 3.4 | 5.8 | 21.1 | 0.04 | 2.0 | 22.0 | 3.5 | 1.1 | 5.0 | 24.0 | 0.06 | 0.15 | 620 | 10.0 |
| 2 | 小麦 | 0.06 | 0.07 | 0.11 | 0.50 | 88 | 7.9 | 45.9 | 29.7 | 0.05 | 0.4 | 13.0 | 4.6 | 1.3 | 11.9 | 51.0 | 0.11 | 0.36 | 1 040 | 3.7 |
| 3 | 大麦（皮） | 0.02 | 0.15 | 0.14 | 0.56 | 87 | 5.6 | 17.5 | 23.6 | 0.06 | 4.1 | 20.0 | 4.5 | 1.8 | 8.0 | 55.0 | 0.15 | 0.07 | 990 | 4.0 |
| 4 | 燕麦 | 0.01 | 0.10 | 0.10 | 0.46 | 106 | 3.0 | 40.0 | 23.0 | 0.19 | — | 12.0 | 6.0 | 1.6 | 8.0 | 17.0 | 0.20 | 0.33 | 981 | 5.0 |
| 5 | 高粱 | 0.03 | 0.09 | 0.15 | 0.34 | 87 | 7.6 | 17.1 | 20.1 | 0.05 | — | 7.0 | 3.0 | 1.3 | 12.4 | 41.0 | 0.26 | 0.20 | 668 | 52.0 |
| 6 | 稻谷 | 0.04 | 0.07 | 0.07 | 0.34 | 40 | 3.5 | 20.0 | 8.0 | 0.04 | — | 16.0 | 3.1 | 1.2 | 3.7 | 34.0 | 0.08 | 0.45 | 900 | 28.0 |
| 7 | 碎米 | 0.07 | 0.08 | 0.11 | 0.13 | 62 | 8.8 | 47.5 | 36.4 | 0.06 | — | 14.0 | 1.4 | 0.7 | 8.0 | 30.0 | 0.08 | 0.20 | 800 | 28.0 |
| 8 | 甘薯干 | 0.16 | — | 0.08 | 0.36 | 107 | 6.1 | 10.0 | 9.0 | 0.07 | — | — | — | — | — | — | — | — | — | — |
| 9 | 次粉 | 0.60 | 0.04 | 0.41 | 0.60 | 140 | 11.6 | 94.2 | 73.0 | 0.07 | 3.0 | 20.0 | 16.5 | 1.8 | 15.6 | 72.0 | 0.33 | 0.76 | 1 187 | 9.0 |
| 10 | 小麦麸 | 0.07 | 0.07 | 0.47 | 1.19 | 157 | 16.5 | 80.6 | 104.7 | 0.05 | 1.0 | 14.0 | 8.0 | 4.6 | 31.0 | 186.0 | 0.36 | 0.63 | 980 | 7.0 |
| 11 | 米糠 | 0.07 | 0.07 | 0.90 | 1.73 | 304 | 7.1 | 175.9 | 50.3 | 0.09 | — | 60.0 | 22.5 | 2.5 | 23.0 | 293.0 | 0.42 | 2.20 | 1 135 | 14.0 |
| 12 | 大豆 | 0.02 | 0.03 | 0.28 | 1.70 | 111 | 18.1 | 21.5 | 40.7 | 0.06 | — | 40.0 | 12.3 | 2.9 | 17.4 | 24.0 | 0.42 | 2.00 | 3 200 | 12.0 |
| 13 | 大豆粕 | 0.03 | 0.05 | 0.28 | 1.72 | 185 | 24.0 | 28.0 | 46.4 | 0.06 | 0.20 | 3.1 | 4.6 | 3.0 | 16.4 | 30.7 | 0.33 | 0.81 | 2 858 | 6.10 |
| 14 | 菜籽粕 | 0.09 | 0.11 | 0.51 | 1.40 | 653 | 7.1 | 82.2 | 67.5 | 0.16 | — | 54.0 | 5.2 | 3.7 | 9.5 | 160.0 | 0.98 | 0.95 | 6 700 | 7.20 |
| 15 | 向日葵仁粕 | 0.20 | 0.10 | 0.68 | 1.23 | 310.0 | 35.0 | 35.0 | 80.0 | 0.08 | — | — | 3.0 | 3.0 | 29.9 | 14.0 | 1.40 | 1.14 | 3 100 | 11.1 |
| 16 | 玉米DDGS | 0.24 | 0.17 | 0.91 | 0.28 | 98 | 5.4 | 15.2 | 52.3 | — | 3.5 | 40.0 | 3.5 | 8.6 | 11.0 | 75.0 | 0.30 | 0.88 | 2 637 | 2.28 |
| 17 | 猪油 | — | — | — | — | — | — | — | — | — | — | — | — | — | — | — | — | — | — | — |
| 18 | 大豆油（粗制） | — | — | — | — | — | — | — | — | — | — | — | — | — | — | — | — | — | — | — |
| 19 | 苜蓿草粉（CP19%） | 0.09 | 0.38 | 0.30 | 8.08 | 372 | 9.1 | 30.7 | 17.1 | 0.46 | 94.6 | 144.0 | 5.8 | 15.5 | 34.0 | 70.0 | 0.35 | 4.36 | 1 419 | 8.0 |

（续）

| 序号 | 饲料名称 | 钠(%) | 氯(%) | 镁(%) | 钾(%) | 铁 | 铜 | 锰 | 锌 | 硒 | 胡萝卜素 | 维生素E | 维生素B₁ | 维生素B₂ | 泛酸 | 烟酸 | 生物素 | 叶酸 | 胆碱 | 维生素B₆ |
|---|---|---|---|---|---|---|---|---|---|---|---|---|---|---|---|---|---|---|---|---|
| 20 | 苜蓿草粉(CP17%) | 0.17 | 0.46 | 0.36 | 2.40 | 361 | 9.7 | 30.7 | 21.0 | 0.46 | 94.6 | 125.0 | 3.4 | 13.6 | 29.0 | 38.0 | 0.30 | 4.20 | 1 401 | 6.5 |
| 21 | 苜蓿草粉(CP14%~15%) | 0.11 | 0.46 | 0.36 | 2.22 | 437 | 9.1 | 33.2 | 22.6 | 0.48 | 63.0 | 98.0 | 3.0 | 10.6 | 20.8 | 41.8 | 0.25 | 1.54 | 1 548 | — |
| 22 | 花生秧 | — | — | — | — | — | — | — | — | — | — | — | — | — | — | — | — | — | — | — |
| 23 | 花生壳 | — | — | — | — | — | — | — | — | — | — | — | — | — | — | — | — | — | — | — |
| 24 | 甜菜渣 | 0.29 | 0.12 | 0.18 | 0.43 | 601 | 5.0 | 70.0 | 19.0 | 0.11 | — | 13.0 | 0.34 | 0.84 | 1.10 | 18.0 | — | — | 796 | 2.0 |
| 25 | 稻草 | — | — | — | — | — | — | — | — | — | — | — | — | — | — | — | — | — | — | — |
| 26 | 大豆壳(皮) | 0.01 | — | 0.22 | 1.20 | 580 | 8.0 | 22.0 | 40.0 | 0.21 | — | — | — | — | — | — | — | — | — | — |
| 27 | 葵花籽壳 | 0.10 | 0.10 | 0.17 | 1.05 | — | — | — | — | — | — | — | — | — | — | — | — | — | — | — |
| 28 | 小麦秸 | 0.03 | — | 0.06 | 0.94 | 171 | 3.0 | 42.0 | 19.0 | — | — | — | — | — | — | — | — | — | — | — |
| 29 | 玉米秸 | — | — | — | — | — | — | — | — | — | — | — | — | — | — | — | — | — | — | — |
| 30 | 全株玉米(脱水) | — | — | 0.18 | — | — | — | — | — | — | — | — | — | — | — | — | — | — | — | — |

注：①数据主要来源于中国饲料数据库情报网中心发布的《中国饲料成分及营养价值表》《中国饲料学》（张子仪主编，2000）、《Nutrition of the Rabbit》(Ed. C. de Blas and J. Wiseman, 2nd Ed., 2010)、《饲料成分与营养价值表》（谯仕彦等主译，2005）。

②"—"表示无；"——"表示数据不详。

**表 3-12 长毛兔常用常量元素添加剂及元素含量**

| 常量元素 | 化合物通用名称 | 化合物英文名称 | 化学式或描述 | 来源 | 含量规格（%） 以化合物计 | 含量规格（%） 以元素计 |
|---|---|---|---|---|---|---|
| 钠 Na | 氯化钠 | Sodium chloride | $NaCl$ | 天然盐加工制取 | ≥91.0 | Na≥35.7；Cl≥55.2 |
| | 硫酸钠 | Sodium sulfate | $Na_2SO_4$ | 天然盐加工制取或化学制备 | ≥99.0 | Na≥32.0；S≥22.3 |
| | 磷酸二氢钠 | Monosodium phosphate | $NaH_2PO_4$ $NaH_2PO_4 \cdot H_2O$ $NaH_2PO_4 \cdot 2H_2O$ | 化学制备 | 98.0~103.0 （以 $NaH_2PO_4$ 计，干基） | Na≥18.7；P≥25.3 （以 $NaH_2PO_4$ 计，干基） |
| | 磷酸氢二钠 | Disodium phosphate | $Na_2HPO_4$ $Na_2HPO_4 \cdot 2H_2O$ $Na_2HPO_4 \cdot 12H_2O$ | 化学制备 | ≥98.0 （以 $Na_2HPO_4$ 计，干基） | Na≥31.7；P≥21.3 （以 $Na_2HPO_4$ 计，干基） |
| 钙 Ca | 轻质碳酸钙 | Calcium carbonate | $CaCO_3$ | 化学制备 | ≥98.0 （以干基计） | Ca≥39.2 （以干基计） |
| | 氯化钙 | Calcium chloride | $CaCl_2$ $CaCl_2 \cdot 2H_2O$ | 化学制备 | ≥93.0； 99.0~107.0 | Ca≥33.5；Cl≥59.5 Ca≥26.9；Cl≥47.8 |
| | 乳酸钙 | Calcium lactate | $C_6H_{10}O_6Ca$ $C_6H_{10}O_6Ca \cdot H_2O$ $C_6H_{10}O_6Ca \cdot 3H_2O$ $C_6H_{10}O_6Ca \cdot 5H_2O$ | 化学制备或发酵生产 | ≥97.0 （以 $C_6H_{10}O_6Ca$ 计，干基） | Ca≥17.7 （以 $C_6H_{10}O_6Ca$ 计，干基） |

（续）

| 常量元素 | 化合物通用名称 | 化合物英文名称 | 化学式或描述 | 来源 | 含量规格（%）以化合物计 | 以元素计 |
|---|---|---|---|---|---|---|
| 磷 P | 磷酸氢钙 | Dicalcium phosphate | $CaHPO_4 \cdot 2H_2O$ | 化学制备 | — | TP≥16.5；Ca≥20.0<br>TP≥19.0；Ca≥15.0<br>TP≥21.0；Ca≥14.0 |
| | 磷酸二氢钙 | Monocalcium phosphate | $Ca(H_2PO_4)_2 \cdot H_2O$ | 化学制备 | — | TP≥22.0；Ca≥13.0 |
| | 磷酸三钙 | Tricalcium phosphate | $Ca_3(PO_4)_2$ | 化学制备 | — | TP≥17.6；Ca≥34.0 |
| 镁 Mg | 氧化镁 | Magnesium oxide | $MgO$ | 化学制备 | ≥96.5 | Mg≥57.9 |
| | 氯化镁 | Magnesium chloride | $MgCl_2 \cdot 6H_2O$ | 化学制备 | ≥98.0 | Mg≥11.6；Cl≥34.3 |
| | 硫酸镁 | Magnesium sulfate | $MgSO_4 \cdot H_2O$<br>$MgSO_4 \cdot 7H_2O$ | 化学制备或从苦卤中提取 | ≥99.0；≥99.0 | Mg≥17.2；S≥22.9<br>Mg≥9.6；S≥12.8 |

注：1. 数据来源于中华人民共和国农业部第 1224 号公告和第 2625 号公告。
2. "—"表示无。

表3-13 长毛兔常用维生素添加剂及维生素含量

| 通用名称 | 英文名称 | 化学式或描述 | 来源 | 含量规格 | |
|---|---|---|---|---|---|
| | | | | 以化合物计 | 以维生素计 |
| 维生素A乙酸酯 | Vitamin A acetate | $C_{22}H_{32}O_2$ | 化学制备 | — | 粉剂≥5.0×10⁵国际单位/克；油剂≥2.5×10⁶ IU/g |
| 维生素A棕榈酸酯 | Vitamin A palmitate | $C_{36}H_{60}O_2$ | 化学制备 | — | 粉剂≥2.5×10⁵国际单位/克；油剂≥1.7×10⁶国际单位/克 |
| β-胡萝卜素 | beta-Carotene | $C_{40}H_{56}$ | 提取、发酵生产或化学制备 | ≥96.0% | — |
| 维生素D₂ | Vitamin D₂ | $C_{28}H_{44}O$ | 化学制备 | ≥97.0% | 4.0×10⁷国际单位/克 |
| 维生素D₃ | Vitamin D₃ | $C_{27}H_{44}O$ | 化学制备或提取 | — | 油剂≥1.0×10⁶国际单位/克；粉剂≥5.0×10⁵国际单位/克 |
| DL-α-生育酚乙酸酯（维生素E） | DL-alpha-Tocopherol acetate (Vitamin E) | $C_{31}H_{52}O_3$ | 化学制备 | 油剂≥92.0%；粉剂≥50.0% | 油剂≥920国际单位/克；粉剂≥500国际单位/克 |

（续）

| 通用名称 | 英文名称 | 化学式或描述 | 来源 | 含量规格 以化合物计 | 含量规格 以维生素计 |
|---|---|---|---|---|---|
| 亚硫酸氢钠甲萘醌 | Menadione sodium bisulfite (MSB) | $C_{11}H_8O_2 \cdot NaHSO_3 \cdot 3H_2O$ | 化学制备 | ≥96.0% | ≥50.0%<br>≥51.0%<br>（以甲萘醌计） |
| 二甲基嘧啶醇亚硫酸甲萘醌 | Menadione dimethyl-pyrimidinol bisulfite (MPB) | $C_{17}H_{18}N_2O_6S$ | 化学制备 | ≥96.0% | ≥44.0%<br>（以甲萘醌计） |
| 亚硫酸氢烟酰胺甲萘醌 | Menadione nicotinamide bisulfite (MNB) | $C_{17}H_{16}N_2O_6S$ | 化学制备 | ≥96.0% | ≥43.7%<br>（以甲萘醌计） |
| 盐酸硫胺（维生素 $B_1$） | Thiamine hydrochloride (Vitamin $B_1$) | $C_{12}H_{17}ClN_4OS \cdot HCl$ | 化学制备 | 98.5%～101.0%<br>（以干基计） | 87.8%～90.0%<br>（以干物质基础计） |
| 硝酸硫胺（维生素 $B_1$） | Thiamine mononitrate (Vitamin $B_1$) | $C_{12}H_{17}N_5O_4S$ | 化学制备 | 98.0%～101.0%<br>（以干物质基础计） | 90.1%～92.8%<br>（以干物质基础计） |
| 核黄素（维生素 $B_2$） | Riboflavin (Vitamin $B_2$) | $C_{17}H_{20}N_4O_6$ | 化学制备或发酵生产 | — | 98.0%～102.0%<br>96.0%～102.0%<br>≥80.0%（以干物质基础计） |

（续）

| 通用名称 | 英文名称 | 化学式或描述 | 来源 | 含量规格 以化合物计 | 含量规格 以维生素计 |
|---|---|---|---|---|---|
| 烟酸 | Nicotinic acid | $C_6H_5NO_2$ | 化学制备 | — | 99.0%～100.5%（以干物质基础计） |
| 烟酰胺 | Niacinamide | $C_6H_6N_2O$ | 化学制备 | — | ≥99.0% |
| D-泛酸钙 | D-Calcium pantothenate | $C_{18}H_{32}CaN_2O_{10}$ | 化学制备 | 98.0%～101.0%（以干物质基础计） | 90.2%～92.9%（以干物质基础计） |
| DL-泛酸钙 | DL-Calcium pantothenate | | 化学制备 | ≥99.0% | ≥45.5% |
| 盐酸吡哆醇（维生素 $B_6$） | Pyridoxine hydrochloride (Vitamin $B_6$) | $C_8H_{11}NO_3 \cdot HCl$ | 化学制备 | 98.0%～101.0%（以干物质基础计） | 80.7%～83.1%（以干物质基础计） |
| 叶酸 | Folic acid | $C_{19}H_{19}N_7O_6$ | 化学制备 | — | 95.0%～102.0%（以干物质基础计） |
| D-生物素 | D-Biotin | $C_{10}H_{16}N_2O_3S$ | 化学制备 | — | ≥97.5% |

| 通用名称 | 英文名称 | 化学式或描述 | 来源 | 含量规格 | |
|---|---|---|---|---|---|
| | | | | 以化合物计 | 以维生素计 |
| 氰钴胺<br>（维生素 $B_{12}$） | Cyanocobalamin<br>（Vitamin $B_{12}$） | $C_{63}H_{88}CoN_{14}O_{14}P$ | 发酵生产 | — | ≥96.0<br>（以干物质<br>基础计） |
| 氯化胆碱 | Choline chloride | $C_5H_{14}NOCl$ | 化学制备 | 水剂≥70.0%<br>或≥75.0%<br>粉剂≥50.0%<br>或≥60.0%<br>（粉剂以干物质<br>基础计） | 水剂≥52.0%<br>或≥55.0%<br>粉剂≥37.0%<br>或≥44.0%<br>（粉剂以干物质<br>基础计） |

注：1. 数据来源于中华人民共和国农业部第 1224 号公告和中华人民共和国农业部第 2625 号公告。
　　2. "—" 表示无。

**表 3-14　长毛兔常用微量元素添加剂及元素含量**

| 微量元素 | 化合物通用名称 | 化合物英文名称 | 化学式或描述 | 来源 | 含量规格（%）以化合物计 | 含量规格（%）以元素计 |
|---|---|---|---|---|---|---|
| 铁 Fe | 硫酸亚铁 | Ferrous sulfate | $FeSO_4 \cdot H_2O$　$FeSO_4 \cdot 7H_2O$ | 化学制备 | ≥91.3　≥98.0 | ≥30.0　≥19.7 |
| | 富马酸亚铁 | Ferrous fumarate | $FeH_2C_4O_4$ | 化学制备 | ≥93.0 | ≥29.3 |
| | 柠檬酸亚铁 | Ferrous citrate | $Fe_3(C_6H_5O_7)_2$ | 化学制备 | — | ≥16.5 |
| | 乳酸亚铁 | Ferrous lactate | $C_6H_{10}FeO_6 \cdot 3H_2O$ | 化学制备或发酵生产 | ≥97.0 | ≥18.9 |
| 铜 Cu | 硫酸铜 | Copper sulfate | $CuSO_4 \cdot H_2O$　$CuSO_4 \cdot 5H_2O$ | 化学制备 | ≥98.5　≥98.5 | ≥35.7　≥25.0 |
| | 碱式氯化铜 | Basic copper chloride | $Cu_2(OH)_3Cl$ | 化学制备 | ≥98.0 | ≥58.1 |
| 锌 Zn | 硫酸锌 | Zinc sulfate | $ZnSO_4 \cdot H_2O$　$ZnSO_4 \cdot 7H_2O$ | 化学制备 | ≥94.7　≥97.3 | ≥34.5　≥22.0 |
| | 氧化锌 | Zinc oxide | $ZnO$ | 化学制备 | ≥95.0 | ≥76.3 |
| | 蛋氨酸锌螯（螯）合物 | Zinc methionine complex (chelate) | $Zn(C_5H_{10}NO_2S)_2$ $(C_5H_{10}NO_2SZn)\ HSO_4$ | 化学制备 | ≥90.0 | ≥17.2　≥19.0 |

（续）

| 微量元素 | 化合物通用名称 | 化合物英文名称 | 化学式或描述 | 来源 | 含量规格（%）以化合物计 | 以元素计 |
|---|---|---|---|---|---|---|
| 锰 Mn | 硫酸锰 | Manganese sulfate | $MnSO_4 \cdot H_2O$ | 化学制备 | ≥98.0 | ≥31.8 |
| | 氧化锰 | Manganese oxide | $MnO$ | 化学制备 | ≥99.0 | ≥76.6 |
| | 氯化锰 | Manganese chloride | $MnCl_2 \cdot 4H_2O$ | 化学制备 | ≥98.0 | ≥27.2 |
| 碘 I | 碘化钾 | Potassium iodide | $KI$ | 化学制备 | ≥98.0（以干物质基础计） | ≥74.9（以干物质基础计） |
| | 碘酸钾 | Potassium iodate | $KIO_3$ | 化学制备 | ≥99.0 | ≥58.7 |
| | 碘酸钙 | Calcium iodate | $Ca(IO_3)_2 \cdot H_2O$ | 化学制备 | ≥95.0（以 $Ca(IO_3)_2$ 计） | ≥61.8 |
| 钴 Co | 硫酸钴 | Cobalt sulfate | $CoSO_4$ | 化学制备 | ≥98.0 | ≥37.2 |
| | | | $CoSO_4 \cdot H_2O$ | | ≥96.5 | ≥33.0 |
| | | | $CoSO_4 \cdot 7H_2O$ | | ≥97.5 | ≥20.5 |
| | 氯化钴 | Cobalt chloride | $CoCl_2 \cdot H_2O$ | 化学制备 | ≥98.0 | ≥39.1 |
| | | | $CoCl_2 \cdot 6H_2O$ | | ≥96.8 | ≥24.0 |
| | 乙酸钴 | Cobalt acetate | $Co(CH_3COO)_2$ | 化学制备 | ≥98.0 | ≥32.6 |
| | | | $Co(CH_3COO)_2 \cdot 4H_2O$ | | ≥98.0 | ≥23.1 |

| 微量元素 | 化合物通用名称 | 化合物英文名称 | 化学式或描述 | 来源 | 含量规格（%）以化合物计（以干物基础计） | 以元素计（以干物基础计） |
|---|---|---|---|---|---|---|
| 硒 Se | 亚硒酸钠 | Sodium selenite | Na₂SeO₃ | 化学制备 | ≥98.0（以干物质基础计） | ≥44.7（以干物基础计） |
| | 酵母硒 | Selenium yeast complex | 酵母在含无机硒的培养基中发酵培养，将无机态硒转化生成有机硒 | 发酵生产 | — | 有机形态硒含量≥0.1 |

注：1. 数据来源于中华人民共和国农业部第 1224 号公告和第 2625 号公告。
2. "—" 表示无。

**表 3-15　长毛兔常用氨基酸添加剂及氨基酸含量**

| 通用名称 | 英文名称 | 化学式或描述 | 来源 | 含量规格（%）以氨基酸盐计（以干物基础计） | 以氨基酸计（以干物基础计） |
|---|---|---|---|---|---|
| L-赖氨酸盐酸盐 | L-Lysine monohydrochloride | $NH_2(CH_2)_4CH(NH_2)COOH \cdot HCl$ | 发酵生产 | ≥98.5（以干物质基础计） | ≥78.0（以干物基础计） |
| L-赖氨酸硫酸盐及其发酵副产物（产自含氨酸酸棒杆菌） | L-Lysine sulfate and its by-products from fermentation (Source: Corynebacterium glutamicum) | $[NH_2(CH_2)_4CH(NH_2)COOH]_2 \cdot H_2SO_4$ | 发酵生产 | ≥65.0（以干物质基础计） | ≥51.0（以干物基础计） |

（续）

| 通用名称 | 英文名称 | 化学式或描述 | 来源 | 含量规格（%） | |
|---|---|---|---|---|---|
| | | | | 以氨基盐计 | 以氨基酸计 |
| DL-蛋氨酸 | DL-Methionine | $CH_3S(CH_2)_2CH(NH_2)COOH$ | 化学制备 | — | ≥98.5 |
| L-苏氨酸 | L-Threonine | $CH_3CH(OH)CH(NH_2)COOH$ | 发酵生产 | — | ≥97.5（以干物质基础计） |
| L-色氨酸 | L-Tryptophan | $(C_8H_5NH)CH_2CH(NH_2)COOH$ | 发酵生产 | — | ≥98.0 |
| 蛋氨酸羟基类似物 | Methionine hydroxy analogue | $C_5H_{10}O_3S$ | 化学制备 | — | ≥88.0（以蛋氨酸羟基类似物计） |
| 蛋氨酸羟基类似物钙盐 | Methionine hydroxy analogue calcium | $C_{10}H_{18}O_6S_2Ca$ | 化学制备 | ≥95.0（以干物质基础计） | ≥84.0（以蛋氨酸羟基类似物计，干物质基础） |
| N-羟甲基蛋氨酸钙 | N-Hydroxymethyl methionine calcium | $(C_6H_{12}NO_3S)_2Ca$ | 化学制备 | ≥98.0 | ≥67.6（以蛋氨酸计） |

注：①数据来源于中华人民共和国农业部第 1224 号公告和第 2625 号公告。
②"—"表示无。

## 五、长毛兔的全价饲粮配制

在养兔生产中通常是根据饲养标准所规定的能量和各种营养物质的需要量选用适当的饲料，为各种不同生理状态和生产水平的毛兔配制成营养物质的种类、数量及其相互比例能够满足毛兔的营养需要的全价饲粮。全价饲粮配制是养兔生产过程中的一个关键环节，直接影响毛兔的生产性能和经济效益。

### （一）全价饲粮配制基本原则

**1. 因地制宜**  要根据已有的饲养标准，结合本地区、本场的生产水平和生产中积累的经验予以适当调整，饲料原料就近取材。

**2. 饲料多样化**  一般配合饲粮中要有 8～12 种饲料，充分发挥各种饲料的互补作用，使之符合长毛兔的营养需求。饲料原料的种类和来源相对稳定。

**3. 符合毛兔的消化特点**  长毛兔对饲料的喜食顺序是青饲料、根茎类饲料、颗粒饲料、粗料、粉料。对谷物饲料的喜食顺序是燕麦、大麦、小麦、玉米。

**4. 减低饲料成本**  饲料应尽量是本地的饲料，以减少运输费用。同时设法开发新的饲料资源，如工业加工的副产品，以降低饲料成本。

### （二）全价饲粮配制方法

**1. 全价饲粮配制步骤**  ①选用适当的饲养标准，查出所需的营养需要量。②选取所用的青粗饲料和混合精料的种类并查出其营养成分。③计算各种饲料的配合比例。④调整比例使得所配的饲粮符合饲养标准。⑤补充矿物质、维生素和氨基酸。

**2. 配方计算方法** 长毛兔的全价饲粮配合方法很多，有代数法、四角配料法、试差法、电脑法等。随着各种统计软件的普及和使用，配方计算方法更加快捷、方便。无论用哪种方法，在配料时先要满足兔对青粗饲料的喂量，然后用混合精料满足能量和蛋白质的需要。用矿物质补充饲粮中钙、磷的含量。最后满足兔对维生素、氨基酸的需求。

**3. 注意问题** 配长毛兔全价饲粮时主要抓住能量、蛋白质和纤维及组分，钙、磷可用矿物质补充，维生素、氨基酸可用相应添加剂弥补。食盐一般不超过 1％，以免发生中毒。

**4. 配方验证** 配方是否合适必须通过饲养试验进行验证，在饲养检验过程中应从以下几方面着手：

（1）饲料利用率 指获得单位兔毛或单位增重所消耗的饲料量。单位兔毛所消耗饲料越少，则饲料利用率越高。检查时，可根据饲料消耗记录、产毛记录及生长发育记录计算饲料利用率。

（2）生长兔生长速度 是检查饲养和目的配方优劣的重要指标。大群饲养时称重有困难，可抽样称重，根据称重结果判断配方的优劣。

（3）产毛兔的繁殖性能 除遗传因素外，饲养管理水平和饲粮的全价性能影响母兔的发情、受胎、妊娠、产仔等情况，依此进行判断。

（4）长毛兔采食情况 如果大群兔拒绝采食某种饲料，很可能是饲料品质不佳。若出现异常现象，多数是与矿物质缺乏有关。

# 第四章
# 长毛兔的饲养环境与设施

## 一、兔场环境

### （一）场址选择

兔场是进行长毛兔生产的场所。良好的兔场环境对养好长毛兔十分重要，场址选择的好坏直接关系到长毛兔生产的成败。实际生产中要结合当地的自然经济条件，充分考虑地势、风向、水源、交通、电力、周围环境及场地面积等各种因素，进行合理规划布局，创造适合长毛兔生物学特性的环境条件，最大限度地挖掘长毛兔的生产潜力，提高长毛兔生产经济效益。兔场的选址应考虑以下因素。

**1. 地势** 根据长毛兔喜欢干燥、不耐污浊潮湿的特性，兔场应尽量建在地势较高燥、有适当坡度、地下水位低、排水良好和向阳背风的地方。地势过低、地下水位过高、排水不良的场地，容易造成环境潮湿，病原微生物特别是真菌、寄生虫（螨虫、球虫等）易于生存繁殖，影响兔群健康。地势过高，如果又在山坡的阴面，容易招致寒风侵袭，造成过冷环境，同样对长毛兔健康不利。一般要求兔场地势平坦，稍有坡度，坡度以 3％～10％ 为宜，地下水位应在 2 米以下。土质要坚实，适宜建造房舍和排水。

**2. 兔场土壤环境及卫生控制** 兔场选址时，应注意场地土壤环境的质量，土壤背景值应满足畜禽场环境质量标准的要求。在兔场建成使用过程中，避免粪尿、污水在排放、运输过程中的跑、冒、滴、漏。粪便堆场建在兔场内部的，要做好防渗、防漏工作，以避免粪污中的镉、砷、铜、铅、铬、锌和各种致病微生物对场区土壤的污染。兔场土壤环境质量及卫生指标见表4-1。

表4-1 兔场土壤环境质量及卫生指标

| 项目 | 缓冲区 | 场区 | 舍区 |
|------|------|------|------|
| 镉（毫克/千克） | 0.3 | 0.3 | 0.6 |
| 砷（毫克/千克） | 30 | 25 | 20 |
| 铜（毫克/千克） | 50 | 100 | 100 |
| 铅（毫克/千克） | 250 | 300 | 350 |
| 铬（毫克/千克） | 250 | 300 | 350 |
| 锌（毫克/千克） | 200 | 250 | 300 |
| 细菌总数（万个/克） | 1 | 5 | — |
| 大肠杆菌（克/升） | 2 | 50 | — |

资料来源：《畜禽场环境质量及卫生控制规范》（NY/T 1667—2006）。

**3. 风向** 兔场建设要注意当地的主导风向。我国多数地区夏季盛行东南风，冬季多为西北风或东北风。兔舍以坐北朝南较为理想，有利于夏季通风和冬季获得较充足的光照。应注意由于当地环境可能引起的局部空气温差，避开产生空气涡流的山坳和谷地。兔场应位于居民区的下风方向，距离200米以上，以便于兔场卫生防疫，防止兔场有害气体和污水对居民区的污染。

**4. 水源** 长毛兔每日需水量较大，一般季节为采食量的 1.5～2 倍，夏季可达 4 倍以上。此外，还有兔舍、笼具等清洁卫生用水，种植饲料作物浇灌用水及日常生活用水等。要根据供水量确定适宜的养殖规模。一般来说，兔场的供水量以兔群存栏数计，每只存栏兔每日供水量不低于 1 升为宜。兔场水质直接关系到家兔和人员的健康，饲养场所在地区水源要充足，水质条件良好，以保证全场生产、生活用水之需，可选用城市自来水或打井取水。

**5. 电力** 兔场要设在供电方便的地方，以经济合理地解决全场的照明和生产、生活用电。规模兔场用电设备较多，对电力条件依赖性强，兔场所在地应保证充足的电力供应，有条件的应设自备电源，保证场内供电的稳定性和可靠性。电力安装容量以兔群存栏数计，每只存栏兔不低于 3 瓦，若是自行加工颗粒饲料，应充分考虑粉碎机、颗粒机的用电功率，额外增容。

**6. 周边环境** 长毛兔饲养场所在地区应是无疫区，并尽量远离禁养区。禁养区是指县级以上地方人民政府依法划定的禁止建设养殖场或禁止建设有污染物排放的养殖场的区域。同时，兔场场址要尽量选在交通相对方便而又较为僻静的地方，远离（至少 20 千米）矿山、化工、煤电、造纸等污染严重的企业，5 千米范围内无垃圾填埋场、垃圾处理场、屠宰场、畜产品交易市场等场所；距离主要交通干线和人员来往密集场所 300 米以上。

**7. 用地面积** 要根据场地面积确定适宜的养殖规模，规模养殖场建筑设施应明确分区，各区之间界限明显，联系方便。各个功能区之间的间距，用防疫隔离带或墙隔开。1 只基础母兔及其仔兔按 1.5～2.0 米$^2$ 建筑面积计算，1 只基础母兔规划占地 8～10 米$^2$。

## (二) 场区规划与布局

应根据兔场养殖规模及防疫要求进行科学合理的规划和布局，一般可将兔场划分为生活区、行政管理区、附属辅助生产区、生产区、隔离区和无害化处理区。各个功能区之间界限明显，便于联系，并用防疫隔离带或墙隔开。生活和管理区位于上风和地势较高处，隔离区和无害化处理区建在下风和地势较低处。

**1. 生活区**　是职工生活和休息的场所，应相对独立，建在兔场主风向的上方。

**2. 行政管理区**　主要包括办公室、会议室和接待室，同时应建设具有缓冲作用的兽医室和更衣室。工作人员和管理人员需经过更衣、消毒后方可进入生产区。

**3. 附属辅助生产区**　属于饲料存贮和加工场所，饲料经专门的通道运送到生产区。

**4. 生产区**　按照各个生产环节的需要，在生产区合理划分出不同的功能区。按兔场的主风向由上到下可依次建设繁殖区、断奶幼兔饲养区、后备兔饲养区和商品兔饲养区，同时应修建净道和污道。区域的划分及道路的修建要便于人员工作以及兔只、物料及污物的转运。不同功能区和兔舍的工作人员及工具等应相对稳定，禁止人员相互串区串舍，禁止工具混用。

**5. 隔离区**　用于引进种兔的隔离观察和病兔的隔离治疗。

**6. 无害化处理区**　无害化处理区位于兔场的下风向，是处理粪尿、病死兔和其他污物的场所。

兔场应有与外界连通的专用道路，规模化兔场内主干道宽 5.5～6.0 米，支干道宽 2～3 米。场内道路净道和污道分开，各行其道，不形成交叉。隔离区有单独的道路。道路坚实，排水良好。

## 二、兔舍环境

环境因素是指所有作用于长毛兔机体的外界因素的统称，包括温度、湿度、光照、有害气体、噪声及卫生条件等。进行长毛兔的标准化生产，要根据各地不同气候条件，通过不同的兔舍建筑，创造适宜的内部环境，满足长毛兔的生理需求，提高长毛兔的生产效率和养殖经济效益。

### （一）温度

长毛兔是恒温动物，平均体温为 38.5～39℃，但受环境温度的影响较大。通常夏季高于冬季，中午高于夜间。长毛兔的汗腺不发达，全身覆盖被毛，体表皮肤散热能力很差。夏季高温高湿条件下，当兔舍内气温达到 35℃、湿度 80% 以上时，长毛兔散热困难，严重危及长毛兔的健康和生存。试验证明，成年长毛兔在气温 35～37℃ 的干燥、通风良好的恒温箱中能生存数周，但在相同温度而湿度较大的恒温箱中，仅能存活 1～2 天。小长毛兔特别怕冷，尤其是初生仔兔，因体小单薄，皮肤裸露，被毛短而稀少，无御寒能力，受到低温寒冷的侵袭时，体温很容易下降，当体温下降到 20℃ 以下时就可能发生死亡。1 月龄内的仔兔，虽然已全身长出被毛，但体温调节机能尚未发育完善，对环境温度的变化适应力很差，难以保持机体与环境的热平衡，御寒能力很弱，仍然容易受冻。各日龄长毛兔最适环境温度范围见表 4-2。

**表 4-2　各日龄长毛兔最适环境温度**

| 年龄 | 1 日龄 | 5 日龄 | 10 日龄 | 20～30 日龄 | 45 日龄 | 60 日龄 以上 | 成年 |
|---|---|---|---|---|---|---|---|
| 环境温度（℃） | 35 | 30 | 25～30 | 20～30 | 18～30 | 18～24 | 15～25 |

　　针对成年长毛兔怕热、仔兔怕冷的生理特点，在设计和建造兔舍时，应认真考虑不同日龄长毛兔对环境温度的要求。表 4-2 所列温度范围，在实际生产中很难达到，也不符合低碳节能原则。生产上可根据长毛兔的不同生理阶段分类管理，以降低能耗，最大限度地发挥长毛兔的生产潜能。一般来说，只要兔舍温度保持在 5～30℃，通过加强管理，做好产仔箱的保温和仔兔护理工作，均可进行正常生产。

## （二）湿度

　　空气湿度的变化对长毛兔生产有一定的影响，长毛兔适宜的空气湿度为 60%～65%。由于长毛兔主要靠蒸发作用散发体热，当温度高时，若湿度过大，长毛兔的蒸发散热量减少，机体散热更为困难；当温度低时，若湿度过高，会加快长毛兔体热的散失，不利于保温。无论温度高低，高湿度都对体热调节均不利，而低湿度则可减轻高温和低温的不良作用。

　　高温高湿环境有利于病原微生物和寄生虫的滋生、发育，使长毛兔易患球虫病、疥癣病、霉菌病和湿疹等，还易使饲料发霉而引起霉菌毒素中毒。低温高湿时，长毛兔易患各种呼吸道疾病（感冒、鼻炎、气管炎）、风湿病及消化道疾病等，特别是幼兔易患腹泻。如果空气湿度过低，则易使黏膜干裂，降低长毛兔对病原微生物的防御能力。

## （三）通风

首先要求饲养场所在地区环境空气质量应符合《环境空气质量标准》（GB 3095）中二级标准的要求。兔舍的通风直接影响兔舍的环境卫生和家兔的生长。兔舍中由于长毛兔的呼吸和粪尿的分解，存在二氧化碳、氨气、硫化氢等有害气体，还有灰尘和水汽，这些都会对长毛兔的生长产生不利的影响。通风可以引入新鲜空气，排除兔舍内污浊空气、灰尘和过多的水汽，调节温度，防止湿度过高。通风量和风速应通过兔舍的科学设计（如门窗的大小和结构、建筑部件的密闭情况等）和通风设施的配置来控制。通风一般分为自然通风和机械通风。

**1. 自然通风**　在我国南方地区，多采用自然通风法。舍内通风主要靠加大窗户面积，建造开放式室外兔舍进行自然通风，或通过门窗、洞口等，利用热压差形成下进上排的流向，经屋顶天窗或排气孔排风。采用下进上排的通风方式，要求进风口的位置低，排风口的位置高，进风口的面积越大，通风量也越大。一般要求进风口的面积为地面面积的3%～5%，排风口的面积为地面面积的2%～3%，排风口应设置在兔舍背风面或屋脊。由于自然通风易受气候、天气等因素的制约，单靠自然通风往往不能保证兔舍经常的通风换气，尤其在炎热的夏天和寒冷的冬天，常常需要辅以机械通风。

**2. 机械通风**　适用于密闭程度较高的规模化室内兔舍，有 3 种方式：

（1）负压通风　用风机抽出舍内空气，造成舍外空气流入。多用于兔舍跨度小于 10 米的建筑物。成本较低，安装简便，在长毛兔生产中应用普遍。由于负压通风抽出的是兔舍内局部空气，故要求风机在兔舍内分布均匀。

（2）正压通风　用风机将空气强制送入兔舍内，使舍内气压高于舍外，兔舍内污浊空气、水汽等在压力作用下经出孔溢出。正压通风在向兔舍内送风时可以对空气进行预热、冷却或过滤，能够很好地控制兔舍内空气质量，但费用较高，同样要求风机在兔舍内均匀分布。

（3）联合通风　在兔舍内同时使用风机进行送风和排风，可以完全控制兔舍内的温度、湿度及空气质量，用于密闭式兔舍。兔舍内每 20 米$^2$ 左右可设置 1 个送风口、2～4 个排风口，要求送风口在兔舍上方中间均匀分布，排风口在兔舍下方四周均匀分布，兔舍内风速控制在 0.1～0.2 米/秒，每小时换气 10～20 次。

## （四）光照

长毛兔对光照的反应远没有对温度及有害气体敏感。虽然光照对生长兔的日增重和饲料报酬影响较小，但对其繁殖性能影响较大。繁殖母兔每天光照 14～16 小时，可获得最佳的繁殖效果。长时间光照对公兔危害较大，每天光照超过 16 小时，可能导致公兔睾丸体积缩小、重量减轻，精子数量减少。要求公兔每天光照时间以 8～12 小时为宜。全密闭兔舍需要完全采用人工光照，可用相当于 40 瓦白炽灯的日光灯、节能灯等，一般要求每平方米兔舍面积 1.5～2.0 瓦。开放式和半开放式兔舍使用自然光照，应根据天气、季节变化及时增减人工光照时间，短日照季节人工补充光照，一般光照时间为明暗各 12 小时，或明 13 小时、暗 11 小时。

## （五）噪声

长毛兔胆小怕惊，听觉比较灵敏，对外界环境的刺激反应敏感，一旦受到惊吓，便神经紧张，食欲减退，甚至表现"惊场""炸群"，在笼内惊叫乱窜，以致造成妊娠母兔流产、难产或死胎，哺乳母兔泌乳力下降、拒绝哺乳，严重时会咬死初生仔兔等不良后果。噪声对家兔的危害较大，突然的高强噪声可引起家兔消化系统紊乱，甚至导致家兔猝死，降低仔兔成活率。在修建兔舍时一定要远离高噪声区，如公路、铁路、工矿企业等，同时要尽量避免猫、犬等的侵扰，保持兔舍安静。一般要求兔舍噪声不超过 85 分贝。实际生产中可采取在兔舍内播放轻音乐、兔舍周围拴养犬只的方式，使兔群逐步适应周围环境，降低噪声等应激因素的危害。

## 三、兔舍建筑与配套设施

### （一）兔舍建筑

**1. 建筑要求**  根据各地气候条件的差异及饲养目的的不同，应建造不同类型的兔舍。

（1）最大限度地适应长毛兔的生物学特性  长毛兔有啮齿行为，喜干燥，怕热耐寒，所建兔舍要有防暑、防寒、防雨、防潮、防污染及防鼠害等"六防"设施。兔舍方向应朝南或东南，室内光线不要太强。兔舍屋顶必须隔热性能良好。笼门的边框、笼底及产仔箱的边缘等凡是能被长毛兔啃到的地方都必须采取必要的加固措施，选用合适的耐啃咬材料。窗户要尽量宽大，便于通风采光，同时要有纱窗等设施，防止野兽及猫、犬等入侵。地面应坚实平整、防潮保温，地基要高出舍外地面 20 厘米以上，防止雨水倒流。

（2）满足生产流程需要，提高劳动效率 长毛兔的生产流程因生产类型、饲养目的不同而异。兔舍设计应满足相应的生产流程需要，避免生产流程中各环节在设计上的脱节。各种类型兔舍、兔笼的结构、数量要配套合理，1 个种兔笼位需配备 3～4 个产毛兔笼位。兔笼一般设置 1～3 层，避免高度过高而影响饲养人员操作。

（3）综合考虑各种因素，力求经济适用 设计兔舍时，要综合考虑饲养规模、饲养目的、饲养品种、投资规模等因素，因地制宜、因陋就简，不要盲目追求兔舍的现代化，注重整体的合理适用。应结合生产经营的发展规划进行设计，为今后发展留有余地。

**2. 建筑类型** 可根据不同的气候特点及投资条件，采用全封闭式、室内开放式、半敞开式和室外简易兔舍。

（1）全封闭式兔舍 是一种现代化、工厂化商品长毛兔生产用舍，世界上少数养兔业发达国家有所应用。目前，应用全封闭式兔舍的多为国内一些教学、科研单位及清洁级和无特定病原（SPF）实验兔生产单位，一般规模较小。部分生产企业已开始建设并采用此类兔舍。这类兔舍门窗密闭，舍内通风、光照、温度、湿度等全部自动或人工控制，杜绝了病原的传播，可保证全年均衡生产。

全封闭式兔舍投资较大，相关配套设施设备运行成本相对较高，在目前我国国情和长毛兔生产特点下，不宜盲目推广。

（2）室内开放式兔舍 是目前我国进行长毛兔生产的主流兔舍。其四周有墙，设有便于通风采光的宽大窗户，室内跨度一般不要超过 8 米，可根据跨度排列 1～4 列兔笼。此类兔舍饲养管理较为方便，劳动效率高，且便于自动饮水、同期发情、人工授精等先进技术的应用。同时由于兔舍南北有窗，并可设置地窗和天窗，便于调节室内外温差和通风换气，能有效防止风雨袭击和兽害，提高仔、幼兔成活率。如果设计不合理，如高度过低（低于2.5米）、跨度过大（超过10米）、窗户面积过小或缺乏良好的通风换气设施，当饲养密度过大、管理不善时，则室内有害气体浓度较高，湿度较大，呼吸道疾病和真菌病发病率较高，特别是秋末到早春季节尤为突出。需要安装纵向通风设施，每天定时通风换气。

室内开放式兔舍尤其适于我国北方地区使用，在寒冷的冬季有利于供暖保温，母兔可以正常繁殖。

（3）半敞开式兔舍　一般是一面无墙或两面无墙，采用水泥预制或砖混结构的兔笼，若两面无墙，则兔笼的后壁就相当于兔舍的墙壁。此类兔舍有单列式与双列式两种，兔舍跨度小，单位兔舍面积放置的笼位数量多，结构简单而造价低廉，具有通风良好、管理方便等优点，因舍内无粪沟而臭味较小，适于我国大部分地区使用。但冬季不易保温且兽害严重。可以采用北面垒墙、南面建1米高的半截墙，每隔2米在墙与屋顶间加一立柱，夏季在柱子之间安装纱窗防蚊蝇进入，冬季钉厚塑料布以保温。

（4）室外简易兔舍　在室外空地用水泥预制三层兔笼，采用单列式或双列式建造形式。单列式兔笼正面朝南，兔笼后壁作为北墙，单坡式屋顶，前高后低。双列式兔笼中间为工作通道，通道两侧为相向的两列兔笼，兔笼的后壁作为兔舍的南北墙。室外兔舍地基要高，顶部可用盖瓦或水泥板等，笼顶前檐需伸出50厘米，后檐需伸出20厘米，以防风雨侵袭。为了防暑，兔舍顶部要升高 10 厘米左右，以便通风，最好前后有树木遮阳或搭设凉棚，冬季可悬挂草帘保温。这类兔舍结构简单，造价低廉，通风良好，管理方便。在我国大部分地区均有使用，北方地区冬季繁殖比较困难，一般可配备专门的仔兔保育舍解决这一问题。

**3. 兔舍构造**

（1）墙体　是兔舍结构的主要部分，它既保证舍内必要的温度、湿度，又通过窗户等保证合适的通风和光照。根据各地的气候条件和兔舍的环境要求，可采用不同厚度的墙体。建筑材料可用砖、石、保温彩钢板等。

（2）屋顶　不仅用来遮挡雨、雪和太阳辐射，在冬冷夏热地区更应考虑隔热问题，可在屋顶设置通风间层，或选用保温材料，以利防暑降温。寒冷积雪和多雨地区，要注意加大屋顶坡度，屋顶高度与兔舍跨度比应为 1：（2～5），以防积雪压垮屋顶。

（3）门窗　兔舍的门既要便于人员行走和运输车通行，又要保温、牢固、能防兽害。门的宽度一般为 1.2～1.4 米，高度不低于 2 米。窗户要尽量宽大，便于采光、通风。

（4）地面　兔舍地面要求平整无缝，能抗消毒剂的腐蚀。如果设有粪沟，应做好水泥固化，以防渗、防漏、防溢流，坡度以 1%～1.5% 为宜。

## （二）笼具及附属设施

进行长毛兔生产必备的设备有兔笼、饮水器、料槽、产仔箱等，这些设备的设计制造是否合理适用，直接影响长毛兔的健康和经济效益。

**1. 笼具**　家兔的全部生活过程包括采食、排泄、运动和繁殖等活动都在笼内进行，生产管理上也要求兔笼排列整齐合理，方便日常管理。为便于操作管理和维修，兔笼总高度应控制在 2 米以下，笼底板与承粪板之间的距离前面为 15～18 厘米，后面为 20～25 厘米，底层兔笼与地面之间的距离为 30～35 厘米，以利于清洁、管理和通风、防潮。兔笼的建造必须符合长毛兔的生理特点和生产要求。

（1）兔笼　规模养殖场的室内兔舍一般采用金属制 2～3 层立式（或阶梯式）兔笼，单个笼位宽 70 厘米左右、深 60 厘米左右、高 45 厘米左右。室外兔舍多采用水泥预制 2～3 层立式兔笼，兔笼的顶面、侧面和背面使用水泥预制板，笼门采用金属丝材质，要求开启方便，能够防御野兽侵害，尽量做到能够不开门进行喂食、饮水，方便操作。

（2）笼底板　组成兔笼的最重要部分，要求平整、牢固。若制作不标准，如间距过大、表面有毛刺，极易造成长毛兔骨折和脚皮炎的发生。金属笼可以直接采用金属笼底板，也可以铺垫竹制笼底板或硬质防啃咬塑料笼底板。竹制笼底板最好用光滑的竹片制作，每片宽 2 厘米左右，竹片间距 1～1.2 厘米，长度与笼的深度相当，要设计成可拆卸的活动底板，便于随时取出洗刷消毒。竹底板在第一次使用前，一定要用火烧一下，以便去除表面的毛刺和消毒。

（3）承粪板　安装在笼底板下方，承接家兔的粪尿。室外兔舍多采用水泥板，水泥预制笼下层兔笼的顶板即可作为上层兔笼的承粪板。室内兔舍多采用玻璃钢板等制成，要求平整光滑，不透水，不积粪尿，安装时前面应突出笼外 3～5 厘米，并伸出后壁 5～10 厘米，由兔笼前方向后壁下方倾斜，角度为 15°左右，防止上层粪尿流到下层，使粪尿经板面直接流入粪沟或输送带，便于粪尿清理。

**2. 料盒**　长毛兔生产所用料盒一般用镀锌铁皮或硬质聚乙烯塑料制成，与兔笼配套安置于兔笼壁上或兔笼内，要求结实、牢固，便于清洗和消毒。塑料制成的料盒，其边缘应包敷铁皮，以防啃咬。

**3. 饮水器**　一般使用乳头式自动饮水器。在兔笼上方0.5～1米高度设置一蓄水箱，可以调节饮水器的水压和便于在饮水中添加药物。这种饮水器不占用笼内位置，可供家兔自由饮水，既防污染又节约用水，还可防止冬季因水温过低引起家兔肠胃不适。需要注意的是，水箱及连接饮水器的管线应定期消毒，每天检查饮水器是否堵塞或滴漏。

**4. 产仔箱**　母兔产仔、哺乳的场所，通常在母兔产仔前2～3天放入笼内或悬挂在笼门外。内置式产仔箱，多用1厘米厚的木板钉成长40厘米、宽26厘米、高13厘米的敞口木箱，也可用硬质防啃咬塑料板制成，箱底有粗糙的锯纹，并留有缝隙和小孔，使仔兔不易滑倒和便于排除尿液，方便清洗。外置式产仔箱多用镀锌铁皮或木板制作，适用于室内金属兔笼，悬挂于兔笼的前壁笼门上，在与兔笼接触的一侧留有一个大小适中、可开启关闭的圆形进出口，方便母兔进出产仔箱，产仔箱上方加盖一活动盖板，便于饲养人员观察护理仔兔。

## （三）自动化养殖设施

随着长毛兔养殖规模化、集约化的发展，养殖设施在自动化、智能化方面也取得了长足的发展。自动化养殖设施的采用，一方面可提高劳动效率，减少劳动支出，而且可将饲养人员从繁重的重复劳动中解放出来，使他们有更多的时间和精力做好配种、护理和防疫等工作；另一方面可为长毛兔提供一个适宜的生存条件，为从业人员提供良好的工作环境。

**1. 自动化喂料设施** 一般用于室内兔舍，根据喂料方式的不同可分为两种：一种是输送式喂料设施，一种是自走式喂料设施。

（1）输送式喂料设施 兔舍外设有储料塔，通过主管道将饲料输送到各个兔舍，进入兔舍后，一种方式是管道送料，通过兔舍内分管道将饲料输送到各个料位，料位处可以设置感应探头，根据设定料量自动控制供料量；另一种方式是输送带送料，每层兔笼一端设有储料箱，储料箱设一可调出料口，饲料由设于兔笼外侧的输送带纵向均匀输送，每个兔笼设有采食口，便于兔子采食输送带上的饲料，通过调整储料箱出料口的大小来控制供料量。

（2）自走式喂料设施 分为上料机和喂料机两部分。上料机将饲料提升投放至喂料机储料斗。喂料机类似于机器人，设有一电脑控制面板，可设置投料时间、投料量和行走速度等。喂料机横跨兔笼两侧，对应两侧各层料盒设有出料口，自动沿轨道行走，每走到一个料位，停下来对两侧各层料盒定量投料，投料完毕，再走到下一个料位投料，依次完成投料。

计划使用自动化喂料设施的兔场，所用兔笼及附属设施都应该与之配套，进行一体化设计，以保证设施的顺畅运行。同时，自动化喂料设施也对颗粒饲料的硬度、长度有一定的要求，避免输送、投料过程颗粒饲料粉末化。

**2. 自动化清粪设施** 目前新建或改造的室内兔舍多采用刮粪板或输送带自动清粪，两者都属于干清粪方式。

（1）采用刮粪板清粪方式 兔舍建设时，应同时在地面建造粪沟。粪沟宽度应根据兔笼的跨度及两侧底层兔笼承粪板之间的距离设置，深度应根据一排兔笼所饲养兔子的大致排粪量设置。建造粪沟时，应保证地面和侧面的平整，以保证刮粪板的正常运行和良好的清粪效果。同时应做好粪沟的固化工作，以防粪污渗漏和溢流，减少对周边环境的污染。

（2）采用输送带清粪方式　不需要对兔舍地面进行处理，保证地面平整无缝、便于清洁消毒即可。输送带的宽度应宽于两侧底层兔笼承粪板之间的距离，以保证由承粪板滑落的粪尿全部落到输送带上。对于多排兔笼的兔舍，可以在纵向输送带末端增加一横向输送带，以便将各排输送带清理的粪污集中输送至兔舍外。在输送带末端可增加一喷淋管，对输送带进行喷淋清洁。输送带的运行时间及运行次数可以根据需要进行设置。

**3. 自动化环境控制设施**　适用于密闭兔舍。在安装通风、降温、供暖等设施的基础上，增设传感器和控制器。传感器用以采集兔舍内的温度、湿度、二氧化碳、光照强度、氨气、粉尘等环境数据信息，在控制器中预先设定各环境要素的参数。控制器对传感器传回的数据信息进行比对分析，若某环境要素的数据信息超出设定的参数范围，则自动启动相应的设施设备（如通风、降温、供暖和光照等），实现兔舍环境控制自动化。也可以根据实际需要，通过电脑、手机对各设施设备的开启和关闭进行远程控制。同时，可通过高清摄像头进行实时监控，以便及时了解兔舍内长毛兔的状况及各设施设备的运行状态等。

## 四、粪污处理

兔场的粪污处理应符合《畜禽粪便无害化处理技术规范》（NY/T 1168—2006）的规定，必须配置建设粪污处理设施或粪污处理场。处理场设在生产区和生活管理区的常年主导风向的下风向或侧风处，与主要生产设施之间保持100米以上的距离。

在收集、运输、堆放粪便的过程中应采取防扬散、防流失、防渗漏等防止污染环境的措施，做到雨污分离、干湿分离，并对收集的粪污实行无害化处理和资源化利用，禁止未经处理的粪尿直接施入农田。对兔粪进行无害化处理和资源化利用的主要方法如下：

## （一）堆积发酵

将清理收集的兔粪集中堆积到专门的场地，达到一定的量后，将其整理堆放成条垛，表面抹平，使其封闭。利用其中微生物的大量繁殖对兔粪中的有机物进行高温发酵，自然腐熟。堆积场地应排水良好，防止雨水浸泡。这种方式适用于各兔场对兔粪进行就地处理。堆积发酵过程需保持发酵温度45℃以上的时间不少于14天。当地气候条件将直接影响堆积发酵时间。腐熟后的兔粪可作为肥料直接施入农田。

## （二）槽式发酵

槽式发酵属于好氧发酵，利用兔粪中的自然微生物或接种微生物，结合翻抛机的机械翻堆补充氧气，使粪便完全腐熟并将有机物转化为有机质、二氧化碳与水。一般将发酵槽建于大棚内，在平整的水泥地面上垒1米多高的水泥墙，墙的顶面铺设翻抛机运行轨道，墙高和墙间距应根据翻抛机的工作空间（宽度和深度）设计。这种处理方式占用场地面积大，机械化程度高，适用于养殖密集区域兔粪的集中批量化处理。

槽式发酵需要对发酵原料的水分、碳氮比和发酵过程的温度、供氧等进行有效控制。采取干清粪方式收集的兔粪，水分在50%左右，处于发酵适宜水分含量（45%～55%）的范围。微生物利用有机质碳氮比（C/N）为（20～30）：1，兔粪原料的碳氮比为25：1左右，属于最佳比例。因此，一般的兔粪原料不需要额外添加辅料来调整水分和碳氮比，可单独进行发酵。

发酵过程中，机械翻抛可同时起到温度控制和供氧的作用。应根据发酵时间和粪堆内部温度调整翻抛次数和时间。在发酵初期和低温天气，应减少翻抛次数和时间，以保持内部发酵温度和速度；在发酵中期和高温天气，应增加翻抛次数和时间，控制发酵温度，及时供氧，以防止温度过高影响微生物发酵和兔粪营养物质消耗，保证物料正常腐熟。一般需保持发酵温度50℃以上的时间不少于7天，或发酵温度45℃以上的时间不少于14天。

采用这种方式处理兔粪的最终产品有一种特殊的发酵味道，无臭味，而且较干燥，一般成品含水量控制在30%以下，可制成粉状或颗状粒，容易包装，方便运输和施用，是一种具有高附加值的有机肥料，可作为蔬菜、果树、花卉等的肥料，用于大田农作物施肥可对土壤起到改良作用。

### （三）沼气池发酵

可根据兔场规模设计建设沼气池，利用沼气发酵工艺处理兔粪尿及污水，产生的沼气可用于做饭、取暖、照明等；沼渣可以晒制成沼渣肥，作为农田肥料使用；沼液可直接进行浇灌施肥。

兔场沼气池的建设和使用，一方面应考虑周边农田对沼液沼渣的消纳能力；另一方面，虽然沼液可直接进行浇灌施肥，但沼渣还需要二次处理，将额外增加场地、人工、设施等，处理不好还会造成二次环境污染。因此，建议兔场沼气池主要用于粪尿混合物及污水的处理，不建议将干清粪收集的兔粪全部用于沼气池发酵。

兔粪经堆积发酵或槽式发酵处理后，需达到表 4-3 的卫生学要求；兔尿及污水经过沼气发酵等技术进行无害化处理后，上清液和沉淀物需达到表 4-4 的卫生学要求，方可进行农业综合利用。

**表 4-3  粪便堆肥无害化处理卫生学指标**

| 项目 | 卫生指标 |
| --- | --- |
| 蛔虫卵 | 死亡率≥95％ |
| 粪大肠菌群数 | ≤$10^5$个/千克 |
| 苍蝇 | 有效控制苍蝇滋生，堆体周围没有活的蛆、蛹或新羽化的成蝇 |

**表 4-4  液态粪便厌氧无害化处理卫生学指标**

| 项目 | 卫生指标 |
| --- | --- |
| 寄生虫卵 | 死亡率≥95％ |
| 血吸虫卵 | 在使用的液体中不得检出活的血吸虫卵 |
| 粪大肠菌群数 | 常温沼气发酵≤$10^4$个/升，高温沼气发酵≤100 个/升 |
| 蚊子、苍蝇 | 有效控制蚊蝇滋生，液体中无孑孓，池周围无活的蛆、蛹或新羽化的成蝇 |
| 沼气池粪渣 | 达到表 4-3 的要求方可用作农肥 |

资料来源：《畜禽粪便无害化处理技术规范》（NY/T 1168—2006）。

# 第五章
# 长毛兔饲养管理

## 一、长毛兔饲养管理的一般原则

对长毛兔的饲养管理，首先遵循的一般原则包括如下几点：

**1. 合理搭配，饲料多样化**　由于饲料种类千差万别，营养成分各不相同，每一类、每一种饲料都有其自身的特点。在配制长毛兔日粮时，应根据各类型长毛兔的生理需要，将多种不同种类的饲料科学搭配，方能取长补短，营养全价。

**2. 日粮组成相对稳定，饲料变换应逐渐过渡**　长毛兔的消化道非常敏感，饲料的突然改变往往会引起食欲下降或贪食过多，导致消化紊乱，产生胃肠道疾病，因此应保持日粮组成的相对稳定。在饲料确需更换时，为使长毛兔消化道有一个适应过程，应有约1周的过渡期，每次更换1/3，每次2~3天，循序渐进。

**3. 定时定量，精心喂养**　长毛兔的饲喂制度有两种，一种是自由采食，另一种是限量采食。目前我国长毛兔生产中，多实行限量、定时定量饲喂法，即固定每天的饲喂时间和相对稳定的量，使长毛兔养成定时采食和排泄的习惯，并根据各类型长毛兔的需要和季节特点，规定每天的饲喂次数和每次的饲喂量。原则上让兔吃饱吃好，不能忽多忽少。

**4. 供应充足的清洁饮水** 不同的季节及长毛兔不同的生长阶段和生理时期，需水量不同。夏季高温，兔散热困难，需要大量的饮水来调节体温。幼兔生长发育快，体内代谢旺盛，单位体重的饮水量高于成年兔；母兔产后易感口渴，应供应充足清洁饮水，以避免由于饮水不足而引发残食或咬死仔兔现象。目前多采用自动饮水器，家兔可以随时饮水，但应注意观察饮水器供水是否畅通。有条件的，寒冷季节可对饮水适当加温，以减少消化道疾病的发生。

**5. 定期消毒，保持兔舍干燥、卫生** 长毛兔喜干燥，潮湿的环境易导致皮肤病、消化道疾病等的发生。因此，每天应保持笼舍干燥、卫生，并定期对兔舍及兔笼、料盒、产仔箱等采取相应的方法进行消毒。清洁消毒是预防疾病的重要措施之一，应成为长毛兔日常生产管理中的一项经常化、制度化的管理程序。

**6. 通风换气，保持兔舍空气清新** 长毛兔对空气质量的敏感性要高于对温度的敏感性。兔舍温度较高时，有害气体（特别是氨气、硫化氢）的浓度也随之升高，易诱发各种呼吸系统疾病，特别是传染性鼻炎。封闭式兔舍应适当加大换气量。这样可以使兔舍内的空气质量变好，减少某些传染病的发生，夏季还有利于兔舍降温。半封闭式兔舍，要做好冬季通风换气工作。关于通风方法在前面已有叙述。对仔兔应注意冷风的袭击，特别是要防止贼风的侵袭。

**7. 保持安静** 长毛兔胆小怕惊，突然的惊吓易引发各种不良应激，如在笼内乱跑乱撞引起内外伤、配种受阻、母兔流产、仔兔"吊奶"等。因此，兔舍周围要保持相对安静。饲养人员操作动作要轻，进出兔舍应穿工作服。

**8. 分群管理，加强检查** 对长毛兔按品种、生产方向、年龄、性别等进行合理分群，便于选种、配种繁殖和生产管理。长毛兔断奶时间较晚，断奶后应尽早单笼饲养。每天早晨喂兔前，应检查全群兔的健康状况，观察其姿态、食欲、饮水、粪便、眼睛、皮肤、耳朵及呼吸道是否正常，以便早发现病情，及时治疗。

# 二、种公兔的饲养管理

俗话说："公兔好，好一坡；母兔好，好一窝。"一只优良的种公兔在一生中可配种很多次，如果采集精液进行人工授精，则其后代数量可以百千计。因此，种公兔的优劣对兔群的质量好坏影响很大。

## （一）种公兔的选留

选作种用的公兔应来自优良亲本的后代。要求父本体型大，被毛性状优良；母本产仔率高，母性好。种公兔应从断奶开始选留，逐步增加选育强度，体型外貌、被毛特征等应符合既定的选育标准，要求体质健壮、发育良好、性欲旺盛、精液品质良好，无隐睾、单睾等生理缺陷。

## （二）种公兔的饲养

种公兔的种用价值，首先取决于其精液的数量和质量，而精液的数量和质量与日粮的营养水平密切相关，尤其是蛋白质、矿物质和维生素等。

（1）蛋白质 精液除水分外，主要成分是蛋白质，包括白蛋白、球蛋白、黏液蛋白等。生成精液的必需氨基酸有色氨酸、组氨酸、赖氨酸、精氨酸等，其中以赖氨酸为多。除形成精液外，性激素合成及各种腺体的分泌以及生殖器官本身也都需要蛋白质加以修复和滋养。饲料是这些蛋白质和氨基酸的唯一来源，因此应在公兔日粮中提供足够数量的优质蛋白质。动物性蛋白质有助于改善精液品质，在日粮中添加适量动物性饲料可增加精子活力，提高种公兔配种能力。

（2）维生素　维生素对精液品质也有显著影响。饲粮中维生素含量缺乏时，精子密度低、畸形率高。幼龄公兔日粮中的维生素含量不足，将导致生殖器官发育缓慢或发育不全，性成熟推迟。因此，日粮中应注意维生素特别是维生素A的添加。

（3）矿物质元素　矿物质元素对精液品质也有影响，日粮中缺钙会引起精子发育不全，活力降低。磷为核蛋白形成的要素，也是产生精液的必需元素。缺锌时，精子活力降低，畸形精子增多。生产中，可以通过在日粮中添加磷酸氢钙、微量元素添加剂等来满足种公兔对矿物元素的需要。

种公兔的营养供给不仅要全面，而且要做到长期稳定。因为精子是由睾丸中的精细胞发育而成，只有精细胞健全，才能产生活力旺盛的精子。而精细胞的发育过程需要较长时间，故营养物质的供给也需要有一个长期稳定的过程。饲料对精液品质的影响较慢，用优质饲料来改善种公兔的精液品质时，需20天左右时间才能见效。因此，对一个时期集中使用的种公兔，应注意提前一个月调整日粮配方，提高营养水平。在配种期间，也要相应增加喂料量。同时，应根据种公兔的配种强度，适当增加动物性饲料，以达到改善精液品质、提高受胎率的目的。

对种公兔应适当进行限饲，防止体况过肥，以免影响种公兔的配种能力和精液品质。

综上所述，种公兔的日粮应营养丰富，适口性好，蛋白质、矿物质和维生素等营养要素必须满足需要，能量水平不宜过高，粗纤维水平适宜。种公兔的营养供给要求全面并着眼于长期性。适当配用动物性饲料，以保持良好的精液品质。

### （三）种公兔的管理

对种公兔的管理应注意以下几点：

（1）种公兔自幼就应进行选育，3月龄时即应单笼饲养，严防早交乱配。留作种用的公兔和母兔要分笼饲养，这一点在管理上应特别注意。

（2）青年公兔应适时初配，过早过晚初配都会影响性欲，降低配种能力。一般长毛兔种兔的初配年龄为8月龄左右。

（3）搞好初配工作的调教，选择发情正常、性情温驯的母兔与其配种，使初配顺利完成。

（4）种公兔笼与母兔笼要保持较远的距离，避免由于异性刺激而影响公兔性欲。采用光照控制进行人工授精的兔场，应将种公兔和种母兔分开饲养。

（5）种公兔舍内应保持 10～20℃为宜，过热过冷都对公兔性机能有不良影响。

（6）应合理利用种公兔，配种期要有一定的计划性，严禁使用过度。一般每天使用2次，连续使用2～3天后休息1天。对初次配种的公兔，应每隔1天使用1次。如公兔出现消瘦现象，应停止配种 1 个月，待其体力和精液品质恢复后再参加配种。但长期不使用种公兔配种，容易造成过肥，引起性欲降低，精液品质变差。采用人工授精方式配种的兔场，可每周固定 1~2 天集中采精。

（7）应缩短种公兔的采毛间隔，炎热夏季可每 2 周剪毛 1 次，寒冷冬季可适当延长采毛间隔，以提高精液品质。

（8）配种要作记录，以利于观察每只公兔的配种性能和后代品质，便于选种选配。

## 三、种母兔的饲养管理

因母兔所处的生理状态不同，可将其分为空怀期、妊娠期和哺乳期三个阶段。对种母兔的饲养管理，要根据各个时期不同的生理特点，采取相应的饲养管理操作规程。

### （一）空怀期母兔的饲养管理

母兔的空怀期是指从仔兔断奶到重新配种妊娠的一段时期。母兔的空怀期时间取决于繁殖制度，在采用频密式繁殖和半频密式繁殖制度时，母兔的空怀期几乎不存在或者极短，一般不按空怀母兔对待，仍按哺乳母兔对待；而采用分散式繁殖制度的母兔，则有一定空怀期。

空怀期的母兔由于在哺乳期间消耗了大量养分，体质比较瘦弱，需要供给充足的营养物质来恢复体质，迎接下一个妊娠期。因此，在这个时期，应喂给母兔富含蛋白质、维生素和矿物质的饲料，以促使母兔正常发情排卵，并再次配种受胎。

对空怀期母兔也应实行限制饲养，以防过于肥胖，在卵巢结缔组织中沉积大量脂肪而阻碍卵细胞的正常发育并造成母兔不育；但也不能使母兔过瘦，母兔过于消瘦也会造成发情和排卵不正常。因为控制卵泡生长发育的垂体在营养不良的情况下内分泌会不正常，导致卵泡不能正常生长发育，故而影响母兔的正常发情和排卵，造成不孕。

限制饲养的方法与种公兔相近，自由采食颗粒料，每只兔每天的量不超过 140 克。为了提高空怀母兔的营养供给，在配种前半个月左右就应按妊娠母兔的营养标准进行饲喂，且应在配种前提前剪毛。

**1. 管理要跟上**　适当增加光照时间，并保持兔舍通风良好。冬季和早春，母兔每天的光照时间应达 14 小时，光照强度为 $1.5\sim2$ 瓦/米$^2$，电灯高度为 2 米左右。可增加母兔性激素的分泌，利于发情受胎。

**2. 保持母兔适当的膘情**　空怀母兔要保持在七八成膘，才能保证有较高的受胎率。空怀母兔的膘情过肥，卵巢周围被脂肪包裹，卵子不易进入输卵管；而过瘦的母兔体弱多病，也不易受孕。生产中要根据母兔的膘情，及时调整日粮。过肥的母兔应降低日粮营养水平，过瘦的母兔则应提高日粮营养水平。

**3. 保证维生素的需要**　配种前母兔每天可供应 100 克左右的胡萝卜或冬牧 70 黑麦苗、大麦芽等，以补充繁殖所需维生素 A、维生素 E，促使母兔正常发情。也可以在日粮中添加繁殖兔专用添加剂。

**4. 安排适宜的配种间隔**　一般可在母兔产后 $25\sim40$ 天配种，如母兔体况较好并且饲养管理条件较好的饲养场，可在产后 $9\sim15$ 天配种，若同时有肉兔或獭兔作保姆兔，也可根据生产需要采用血配方式，但一般较少采用。

**5. 诱导发情**　对于膘情正常但不发情或发情不明显的母兔，在增加营养和改善饲养管理条件的同时，可采用如下方法诱导发情。

（1）异性诱导法　每天将母兔放入公兔窝中一次，连续2～3天，通过公兔的追逐爬跨刺激，诱使发情。

（2）激素刺激法　肌内注射孕马血清（15～20国际单位/只）、促排3号（3～5微克/只），或人绒毛膜促性腺激素（100国际单位/只），一次性注射。

（3）光照刺激法　这种方法在肉兔繁殖中已经取得了很好的效果，长毛兔繁殖可参考使用。一般在配种前6～7天，一次性加光至每天16小时，之后进行促排、配种。

对于经多方面处理仍不奏效的空怀母兔，应予以淘汰。

**6. 选择最佳配种期**　母兔在发情旺期时配种，受胎率较高。"粉红早，黑紫迟，大红正当时"，说的就是这个道理。母兔发情适期的确定应根据行为表现和阴唇黏膜颜色的变化综合判定。母兔表现接受交配，阴唇颜色大红或稍紫、明显充血肿胀时，是配种的理想时期。

**7. 重复配或双重交配**　重复配是指第一次交配后，经6～8小时后用同一只公兔重复交配一次。双重交配是指第一次交配后过半个小时左右再用另一只公兔交配，或采用2～3只公兔的精液混合输精。双重交配只适合于商品长毛兔生产场。

## （二）妊娠母兔的饲养管理

母兔妊娠期的时间因品种及营养条件的不同而有所差异，一般为31天。这一时期母兔饲养管理的要点是根据妊娠母兔的生理特点和胎儿的生长发育规律，采取科学的饲养管理措施。

**1. 根据母兔体况科学饲养**　对妊娠前期母兔可采取与空怀母兔一样的喂法，饲喂空怀母兔料，以免因营养水平过高，母兔过胖而发生妊娠毒血症。在妊娠后期，特别要注意蛋白质、矿物质和维生素的供应。生产中要根据母兔的具体情况调整日粮供给，如果母兔的体况很好，分娩前可适当减量，以免母兔产后奶水过多，仔兔一时吃不完而引起乳腺炎；如果母兔体况不佳，特别在进行血配时，整个妊娠期不但不应减量，还应适当增加。

**2. 加强护理，防止流产**　母兔流产多发生于妊娠中期（15～25 天）。发生流产的原因很多，如突然惊吓，不正确摸胎，抓兔不当，饲料霉烂变质，冬季大量饮冷水、冰水，某些疾病（如巴氏杆菌病、沙门氏菌病等）等均可引起母兔流产。

摸胎的方法是：用左手抓住耳朵，将母兔固定在地面或桌面上，兔头部向操作者，另用右手做"八"字形放在母兔腹下，自前向后轻轻地沿腹壁后部两旁摸索。若腹部柔软如棉，说明没有受胎；如摸到如花生大小能滑动的肉球，即已受胎。15 天后可摸到几个蚕豆大小连在一起的小肉球，20天可摸到形成的胎儿。10 天左右检查时，注意区别胎儿与粪球。兔的粪球呈圆形或椭圆形，质硬，没有弹性，不光滑，分布面积较大；而胚胎的位置比较固定，光滑柔软而有弹性，呈椭圆形。摸胎时，切忌用手硬捏，以免造成流产。

**3. 做好接产工作**　在母兔产前 3～4 天，在事先准备好的消毒产仔箱内放入干燥柔软的垫草，将产仔箱放到母兔笼内或悬挂于笼外，让母兔熟悉环境，拉毛营巢。

**4. 整理产仔箱**　母兔产仔完毕后要整理产仔箱，清点仔兔，取出死胎和沾有污血的湿草，剔除弱仔和多余公兔，并将产箱底铺成如碗状的窝底。如母兔拉毛不多，应人工辅助拔光乳头周围的毛，可刺激泌乳，便于仔兔吃奶。

### （三）哺乳母兔的饲养管理

母兔的泌乳性能对仔兔生长发育至关重要，因此必须对哺乳母兔进行科学的饲养管理。

**1. 影响母兔泌乳量的因素**

（1）品种因素 遗传是影响母兔泌乳量最主要的因素。不同品种的母兔，泌乳量差异很大。日本大耳白兔和加利福尼亚兔是家兔中泌乳量较大的品种，因此在长毛兔生产中常被用作保姆兔。同一品种内，乳头数量多、产仔数多、护仔性强、母性好的母兔，泌乳能力强，因此常作为杂交用的母本。

（2）营养因素 哺乳母兔对各种营养物质的需要量明显高于其他类型的长毛兔。而在实际生产中，由于生理条件的限制，哺乳母兔日采食量很难达到提供营养需要所需的量。因此，营养不足经常成为影响母兔泌乳量的主要限制因子。营养水平过低，特别是蛋白质营养缺乏，会使母兔消瘦，体弱多病，乳腺发育不好，泌乳量下降。

（3）饮水 饮水不足，不仅会严重降低母兔泌乳数量和质量，还会引起仔兔消化性下痢、母兔食仔和咬伤仔兔等现象。若母兔奶头附近沾有很多褥草，多数原因是因饮水不足、奶汁过浓所引起的。据测定，日泌乳150克的母兔，在20℃的环境条件下，日需水量为500毫升以上；在夏季，为750毫升以上。日泌乳量达250克以上的母兔，在夏季的日需水量可达1 000毫升以上。

（4）胎次　在良好的饲养管理条件下，对同一母兔个体而言，第一胎泌乳量较少，第三胎以后逐渐上升，第七、八胎后达到高峰，持续 10 个月左右的时间，一般第十五胎后逐渐降低。但在低营养水平条件下，第一胎的泌乳量要优于第二胎和第三胎，有随着胎次的增加而逐渐降低的趋势。这主要是由于母兔体内营养物质储存下降造成的。在同一哺乳期内，产后 3 周内泌乳量逐渐增高，一般在 21 天左右达到高峰，以后逐渐降低，到 42 天，泌乳量仅为高峰期的 30%～40%。

（5）应激反应　易引起母兔惊吓的噪声、意外刺激、不规范操作和争斗，都可导致母兔在产后第一周内拒绝哺乳。在湿热的季节，环境不适，母兔产奶量一般较少。感染乳腺炎和某些营养消耗性疾病亦可影响母兔的泌乳，甚至拒绝哺乳。生产实践表明，排除可引起母兔不良刺激因素，除加强管理外，最理想的解决途径是限定母兔仅在哺乳时接近仔兔。

**2. 提高母兔泌乳量的关键技术措施**

（1）供给充足的营养，特别是蛋白质营养　哺乳母兔全价日粮中消化能的含量应为 11.51～12.13 兆焦/千克，粗蛋白不能低于 18%。试验证明，在哺乳母兔日粮中添加不超过 5% 的动物性蛋白质饲料，可明显提高母兔的泌乳量。有条件的兔场可适当补充青绿多汁饲料。

（2）保证清洁饮水　饮水清洁，不间断供应，冬季应饮温水。

（3）催奶方法　如遇母兔奶汁不足，首先应查明原因。如果是营养不足引起的，应及时调整日粮配方，提高能量和蛋白质水平，增喂多汁饲料，并采取下列几种应急方法催奶。

催奶片催奶：每只母兔每天 1～2 片，但应注意这种方法仅适用于体况良好的母兔。

花生米催奶：将花生米 8～10 粒用温水浸泡 1～2 天，拌入精料补充料中让兔自由采食，连喂 3～5 天，效果较好。

生南瓜子催奶：生南瓜子 30 克，连壳捣碎，拌入精料补充料中，连喂 5～7 天。

黄豆催奶：每天用黄豆 20～30 克煮熟（或打浆后煮熟），连喂 5～7 天。

此外，经常饲喂蒲公英、苦荬菜、胡萝卜等青绿多汁饲料，可明显提高母兔泌乳量。

**3. 哺乳母兔管理措施**

（1）保持兔笼、产箱、器具的洁净卫生　消除笼具、产箱上的铁钉、木刺等锋利物，防止刺伤乳房及附近皮肤。如产箱不洁或有异味，母兔可能发生扒窝现象，扒死、咬死仔兔，遇到这种情况，应立即将仔兔取出，清理产仔箱，重新换上垫草垫料。

（2）采用母仔隔离饲养的方法　如果使用外挂式产箱，可在每天的哺乳时间将产箱门打开，让母兔进入产箱哺乳，待哺乳结束后，关闭产箱门。如果使用木质产仔箱（即产箱放在母兔笼内），可以将产箱取出，集中放置，每天固定时间放入笼内哺乳。养成每天定时哺乳的习惯，这既可保证母兔和仔兔充分休息，对预防仔兔"蒸窝"、肠炎和母兔乳腺炎也十分有利。每天观察仔兔吃奶、生长发育和母兔的精神状态、食欲、饮水量、粪便和乳房周围皮肤的完整性等情况，及时剔除死仔弱仔。乳汁不足或过多时，应采取相应对策，防止乳腺炎的发生。乳汁过稠时，应增加青绿多汁饲料的喂量和饮水量；乳汁过多时，可适当增加哺乳仔兔的数量。母兔一旦瘫痪或患乳腺炎，应停止哺乳，及时治疗。

## 四、仔兔的饲养管理

从出生到断奶这段时间的小兔称为仔兔。仔兔从胚胎期转变为独立生活，环境发生了巨大变化。根据仔兔各期不同的生理特点，应分别做好饲养管理工作。

### （一）仔兔睡眠期的饲养管理

仔兔从出生至 12 天左右，眼睛紧闭，除了吃奶，大部分时间在睡眠，故称之为睡眠期。此阶段饲养管理应重点抓好以下几点：

**1. 注意冬季防寒保温，创造温度适宜的小环境** 繁殖母兔多为夜间产仔，常缺乏人员及时检查、护理，且仔兔又无体温调节能力。在冬季及早春，舍内保温措施不利是导致初生仔兔低温致死的最主要原因。为此，在母兔冬繁时，一方面应首先做好兔舍或产仔房的保温工作，使产房内温度保持在 10℃以上；另一方面应创造温度适宜的小环境，如在产仔箱内铺好垫草，协助用兔毛遮盖好仔兔等。在有条件的情况下，可对母兔注射催产素或拔腹毛吮乳，实施定时产仔法，使母兔大多在白天产仔，这也是提高初生仔兔成活率的十分有效的措施。

**2. 让仔兔早吃奶、吃足奶** 母性强的母兔一边产仔，一边哺乳。而一些护仔性差的母兔，尤其是初产母兔，如果产仔后 4～5 小时不喂奶，则应采取人工辅助方法，即将母兔固定在产仔箱内，保持安静，让仔兔吃奶，一天 2 次，每次 20～30 分钟，训练 3～5 天后母兔即会自动哺乳。

如果母兔产仔数过多，则应进行调整。一般来说，长毛兔母兔哺乳数量以每窝 4～6 只为宜。对于过多的仔兔，如果初生个体重过小（不足 50 克），或公兔过多，可将其淘汰；对发育良好的仔兔要找产期相近的母兔代养，代养时应先把"代奶保姆兔"拿出窝，将仔兔放入后再让保姆兔与其接触，一般均能寄养成功。为了尽快扩大所需长毛兔数量，提高母兔繁殖胎次，可将所需长毛兔母兔与肉兔或獭兔母兔同时配种，同时分娩，把长毛兔仔兔部分寄养给保姆兔，以使长毛兔种母兔提前配种。

仔兔出生后，若母兔死亡或患乳腺炎，而又找不到寄养保姆兔时，可以配制人工乳，即以牛奶、羊奶或稀释奶粉代替兔奶。但牛奶中蛋白质、脂肪、灰分等主要营养物质含量较兔奶中低（表 5-1）。实践证明，人工乳虽可将一部分仔兔喂活，但其生长速度远远不如自然哺乳者。

如同窝仔兔大小不均时，应采取人工辅助哺乳法，即让体弱仔兔先吃奶，然后再让体强仔兔吃奶，经过一段时间后，可促使仔兔生长发育均匀一致。

表 5-1　各种家畜乳的营养成分（％）

| 畜种 | 脂肪 | 蛋白质 | 乳糖 | 灰分 |
| --- | --- | --- | --- | --- |
| 长毛兔乳 | 12.2 | 10.4 | 1.8 | 2.0 |
| 荷斯坦牛乳 | 3.5 | 3.1 | 4.9 | 0.7 |
| 山羊乳 | 3.5 | 3.1 | 4.6 | 0.8 |
| 绵羊乳 | 10.4 | 6.8 | 3.7 | 0.9 |
| 猪乳 | 7.9 | 5.9 | 4.9 | 0.9 |
| 马乳 | 1.6 | 2.4 | 6.1 | 0.5 |

| 畜种 | 脂肪 | 蛋白质 | 乳糖 | 灰分 |
|------|------|--------|------|------|
| 驴乳 | 1.3 | 1.8 | 6.2 | 0.4 |
| 貂乳 | 8.0 | 7.0 | 6.9 | 0.7 |

（引自《英汉畜牧科技词典（第二版）》. 中国农业出版社 .1996）

**3. 采用母仔隔离定时哺乳法** 可及时观察仔兔情况，便于给仔兔创造一个舒适的生活小环境，防止"吊乳"现象的发生，并能有效防止鼠害、蛇害等，明显提高仔兔成活率。

**4. 经常更换垫草，保持产箱干燥卫生** 产仔箱垫草过于潮湿，可发生"蒸窝"现象，严重影响到仔兔的睡眠休息和生长发育，应不定期更换。

**5. 预防仔兔黄尿病** 1周龄内仔兔极易发生黄尿病。主要是因为仔兔吃了患有乳腺炎母兔的乳汁而引起急性肠炎，以致粪便腥臭、发黄。病兔昏睡，全身发软，肛门及后躯周围被毛受到污染。一般全窝发生，死亡率高。

**6. 保持产房安静** 嘈杂惊扰易造成母兔拒绝继续哺乳并频繁进出产仔箱，踩伤仔兔或将仔兔带出产仔箱外。

**7. 每天进行细致的检查** 主要检查仔兔吃奶、生长发育和产仔箱内垫草情况。健康仔兔皮肤红润发亮，腹部圆胀，吃饱奶后安睡不动。如果仔兔吃奶不足，就会急躁不安，在产箱内来回乱爬，头向上转来转去找奶吃，皮肤暗淡、无光、皱纹多。发现仔兔死亡应及时取出，以防母兔哺乳时感觉腹下发凉而受惊吓。

## （二）仔兔开眼期的饲养管理

仔兔生后 12 天左右睁眼，从睁眼到断奶，这段时间为开眼期。因此阶段单靠母兔奶汁已满足不了生长发育的需要，常常紧追母兔吃奶，故又称追奶期。该时期是养好仔兔的第二个关键时期，主要应做好以下几方面工作：

**1. 检查开眼情况** 如果到 14 天还未开眼，说明仔兔发育欠佳，应人工辅助其睁眼。注意要先用清水冲洗软化，清除干痂，不能用手直接强行拨开，否则会造成失明。

**2. 及早给仔兔补饲** 仔兔出生 15 天后便跳出产箱采食少量饲料，这时应给仔兔少量营养丰富而容易消化的饲料，如用鲜嫩青绿饲料诱食。生产中，仔兔在断奶前一般与母兔采食同一日粮，有条件的根据仔兔生理特点专门配制营养丰富的仔兔补饲料。

**3. 加强管理，预防球虫病** 在夏秋季节，20 日龄以后的仔兔最易发生肠型球虫病，且大多为急性过程。发病时仔兔突然倒下，两后肢、颈、背强直痉挛，头向后仰，两后肢伸直划动，发出惨叫。如不提前预防，会大批死亡。预防的关键除了药物预防外，还在于严格管理，如母仔分养、定时哺乳，及时清粪，防止食槽、水槽被粪尿污染，兔舍、兔笼、食槽、水槽定期消毒。

**4. 适时断奶** 在良好的饲养管理条件下，当仔兔到了 35～42 日龄、体重达到 500 克以上时，即可断奶，环境较低时应延长断奶时间。断奶过早，会对幼兔生长发育产生一定影响；但断奶过晚，也不利于母兔复膘，影响母兔下一个繁殖周期。所以应根据长毛兔仔兔品种、生长发育情况、母兔体况及母兔是否血配等因素确定适宜的断奶时间。

**5. 适法断奶** 仔兔断奶方法可分为一次性断奶法和分期分批逐步断奶法。若全窝仔兔都健康且生长发育整齐均匀，可采取一次性断奶法；在规模较大的兔场，断奶时可将仔兔成批转至幼兔育成舍，或将母兔转移至另一繁殖舍；在养兔规模较小的兔场或农户，断奶时应将仔兔留在原窝，将母兔移走，此法亦称原窝断奶法。原窝断奶法可防止因环境的改变造成的仔兔精神不安、食欲不振等应激反应。据测定，原窝断奶法可提高断奶幼兔成活率 10％～15％，且生长速度较快。

在大多数情况下，一窝内仔兔生长发育不均，体重大小不一，需采取分期分批断奶法，即先将体格健壮、体重较大、不留种的仔兔断奶，让弱小或留种仔兔继续哺乳数日，再全部断奶。

## 五、生长幼兔的饲养管理

从断奶至 3 月龄阶段的长毛兔称为幼兔。这一阶段突出的特点是幼兔吃奶转为吃料，不再依赖母亲而完全独立生活。此时幼兔的消化器官仍处于发育阶段，消化机能尚不完善，肠道黏膜自身保护功能尚不健全，因而抗病力差，易受多种细菌和球虫的侵袭，是养兔生产中难度最大、问题最多的时期，故应特别注意做好饲养管理和疾病防治工作。

### （一）影响幼兔成活率的因素

**1. 断奶仔兔的体况差，营养不良，独立生活能力不强，抗病力弱** 一旦饲养管理跟不上，就容易感染疾病而死亡。

**2. 对外界环境适应能力差** 断奶仔兔对生活环境、饲料的突变极为敏感。在断奶后 1 周内，仔兔常常感到孤独，表现极为不安，食欲不振，生长停滞，消化器官易发生应激性反应，引发胃肠炎而死亡。

**3. 日粮配合不合理** 有的农户和兔场为了追求幼兔快速生长，盲目使用高蛋白、高能量、低纤维饲料；有的日粮配方简单，营养指标往往达不到幼兔生长要求，使幼兔营养不良，体弱多病。

**4. 饲喂不当** 有的养兔户和兔场在喂兔时没有严格的饲喂程序，不定时、不定量，使幼兔饥饱不匀，贪食过多，诱发胃肠炎。

**5. 预防及管理措施不利，发生球虫病** 球虫病是危害幼兔最严重的疾病之一，死亡率高达 70％以上。一旦发病，治疗效果不理想。

### （二）提高幼兔成活率的综合措施

在养兔生产中，幼兔的成活率直接影响养兔的经济效益和兔业的健康发展。幼兔阶段是饲料报酬和经济效益较高的阶段，但同时也是死亡的高发阶段。养兔生产中，如果缺乏科学合理的饲养管理技术，饲喂次数不当，导致幼兔吃食过多或过少，均会对幼兔生长造成不良影响。

**1. 合理的哺乳数量** 在哺乳期内，合理调整每只母兔哺乳仔兔的数量，不要单纯追求过多的哺乳数量，应确保哺乳期仔兔能吃足奶，体质强壮。生产实践证明，母兔产多少就哺乳多少的做法是不科学的，必须对仔兔加以调整。

**2. 始终保持母兔良好的体况，掌握适宜的繁殖强度** 养兔生产中，不宜过多追求每只母兔的年产仔数，应视母兔膘情及场（户）的具体情况，因地制宜确定繁殖强度，否则会明显降低仔、幼兔的成活率。

**3. 饲料的更换应逐渐进行** 幼兔断奶后 1 周，腹泻发病率较高，这种情况多发生于早期断奶幼兔。为此，断奶后第 1 周应维持饲料不变，继续供给仔兔补饲料，从第 2 周开始逐渐更换，可每 2～3 天换 1/3，1 周后换成生长幼兔料。

**4. 配制相应的断奶幼兔料** 根据幼兔生长发育的需要配制断奶兔全价饲料，这样既可满足各类型幼兔最大生长的营养需求，又可防止胃肠炎的发生。配制日粮时，应特别注意维生素添加剂、微量元素添加剂和含硫氨基酸的供应。

**5. 建立完善的饲喂制度** 断奶幼兔一般日喂 4～6 次，应定时定量，少喂勤添，防止消化道疾病的发生。

**6. 加强管理并注意药物预防，防止球虫病的发生** 在夏秋季节，幼兔一般从 20 日龄即开始预防球虫病。球虫病的预防应采取环境控制与药物预防相结合的方法，二者缺一不可。保持饲养环境既通风透光，又干燥卫生，对预防球虫病效果很好。

**7. 供应充足的饮水** 幼兔单位体重对水的需要量要高于成年兔，如饮水不足，会引起体重下降，生长受阻，在高温情况下这种表现尤为明显。因此，保证饮水是幼兔快速生长的重要条件，在有条件的情况下，最好使用自动饮水器让幼兔自由饮水。

**8. 合理分群，精心喂养** 幼兔断奶后，应根据生产目的、体重（大小）、体质（强弱）、性别、年龄进行分群，一般每笼 3～4 只，不宜过多，否则会影响采食、饮水及生长发育。

**9. 及时注射各种疫苗，杜绝各种传染病的发生** 断奶幼兔应及时注射兔瘟疫苗；饲养管理条件较差的兔场应注射魏氏梭菌苗和预防疥螨病的药物；在封闭式兔舍，还应注射巴氏杆菌苗、波氏杆菌疫苗等。

**10. 细致观察，发现异常尽早治疗** 每天喂料前，对全群幼兔进行普查，主要观察采食、粪便和精神状态等情况。普查结束后，对怀疑有病的个体进行重点检查，确定病因，及时隔离，制订严密的治疗方案。

## 六、育成兔的饲养管理

从 3 月龄至初配（5～7 月龄）的兔称为后备兔，又称青年兔、育成兔。这一时期兔的消化器官已得到充分锻炼，采食量大，抗病力强，一般很少患病。此阶段的饲养管理应主要抓好以下几点：

（1）适当控制日粮营养水平，防止兔的体况过肥或过瘦，以免影响以后的配种繁殖。要注意矿物质饲料的补充，以免影响兔的骨骼生长。

（2）单笼饲养，防止早配。3 月龄以后的兔逐渐达到性成熟，进入初情期，但尚未达到体成熟，不宜过早配种。为防止早配、乱配，应将后备兔单笼饲养，一笼一兔。

（3）每月对后备兔进行体尺外貌和体重测定，经测定合格后，编入核心群。对不宜用作种兔的个体，及时转入产毛兔群。

（4）加强管理，预防疥螨病、脚皮炎的发生。一旦发病，轻者及时治疗后留用，重者应严格淘汰。

## 七、产毛兔的饲养管理

长毛兔除了留作种用的，其余全部转入产毛兔群。产毛兔的主要生产目的是生产量多质优的兔毛。

## （一）抓早期营养

加强早期营养可以促毛囊分化，提高被毛密度，同时增加体重和皮表面积，这是养好长毛兔的关键，一般断乳到3月龄以较高营养水平的饲料饲喂，消化能 10.46 兆焦/千克，粗蛋白质 16.8%～17%，蛋氨酸 0.7%。

## （二）控制成年体重

尽管体重越大，产毛面积越大，产毛量越多，但并非体重越大越好。体重过大，用于维持的营养需要也高，产毛效率就会相应降低。体重一般控制在 4～4.5 千克为好。营养水平取前促后控的原则。成年期可适当控制能量水平，保持蛋氨酸水平不变；也可以采取控制采食量的办法，即提供自由采食量的 85%～90%，而营养水平保持不变。

## （三）注意营养的全面性和阶段性

**1. 营养的全面性**  长毛兔的产毛效率很高，高产毛兔的年产毛量可占其体重的 40% 以上，远远大于其他产毛动物。产毛需要较高水平的蛋白质和必需氨基酸，尤其是含硫氨基酸。据估算，长毛兔每产毛 1 千克，相当于肉兔产肉 1 千克所消耗的蛋白质，同时，其他营养（如能量、维生素、矿物质等）也必须保持平衡。

**2. 营养的阶段性**  长毛兔剪毛前后的变化很大，因而营养水平要适应这种变化的需要。尤其是在较寒冷的季节，剪毛后突然失去了厚厚的被毛保温层，需要较多的能量维持体温。同时，剪毛刺激兔毛生长，需要大量的优质蛋白质。因此，剪毛后 3 周内，饲料中的能量和蛋白质水平要适当提高，饲喂量也应有所增加，或采取自由采食的方法，以促进兔毛的生长。为了提高产毛量和兔毛品质，可在饲料中添加含硫物质和促进兔毛生长的生理活性物质，如稀土添加剂、松针粉、土茯苓、蚕沙、硫黄、胆碱、甜菜碱等。

### （四）单笼饲养

长毛兔的被毛很长，如果放在一起饲养，长毛兔之间容易相互采食兔毛而诱发食毛症，所以产毛兔应采取单笼饲养。同时饲养长毛兔的笼具四周最好用表面光滑的物料，如水泥预制板等，以防挂落或污染兔毛而影响产量和质量。如果使用金属网笼具，应在兔笼之间加隔板，以防互相采食兔毛。

### （五）养毛期

长毛兔产毛性能越高，其商品价值就越高。长毛兔兔毛标准中规定了兔毛的等级划分，兔毛依照等级质量不同，价格有所差别。长毛兔生产中所采用的养毛期，大致可以划分为 3 种，分别是 60 天、73 天、91 天。不同的养毛期会对兔毛的长度、年产毛量、产毛率以及健康状况等产生影响，从而产生不同的经济效益。杨丽萍等（2016）通过试验，建议生产中采用 73 天养毛期较为适宜。各地可根据不同季节及兔毛长度等适当调整养毛期。

### （六）采毛方式

采毛是长毛兔养殖过程中的重要环节。传统的采毛方式为人工剪毛，这种方式由于需要人工手持剪刀不断工作，容易疲劳，生产效率较低。近几年在山东省各大长毛兔养殖场兴起的电推采毛方式，速度快，重剪毛少，既可提高劳动效率，又可提高兔毛的质量。

## （七）剪毛期管理

剪毛对长毛兔来说是一个很大的应激，管理工作必须跟上，否则容易诱发呼吸道、消化道及皮肤疾病。剪毛应尽量选择在晴朗的天气进行，气温低时，剪毛后应适当增温和保温。在剪毛前后，可适当投喂抗应激物质，如维生素C、复合维生素等。对于有真菌病等皮肤病的长毛兔，可在剪毛后7～10天进行药浴治疗。

# 第 ⑥ 章
# 长毛兔的防疫及常见病防治

## 一、生物安全措施

### (一)日常管理

所有饲养人员、技术人员每天上班前更衣，戴口罩、手套和帽子，换胶靴，并经消毒后方可进入兔舍。工作服、口罩、手套和帽子等用品每周洗涤和消毒两次。每天保持地面、笼位、料槽、墙壁、窗户和窗台等清洁卫生。每天保持兔舍内空气质量达到饲养标准。每月对兔舍墙壁上的兔毛用火焰喷枪清扫一次。繁殖季节，对每次用完的产仔箱，应在当天及时清洗消毒，搁置一周后，方可重新使用。对健康状况异常或疑似病兔，应立即隔离饲养并按兽医师建议进行处置。长毛兔生产过程中弃用的垫料、垃圾应集中销毁处理，不得随意丢弃或堆放。

### (二)消毒

#### 1. 消毒设施

（1）兔场大门处设消毒池　使用硬质水泥结构，宽度与大门相同，长度为进场大型车辆车轮周长的 1.5～2.0 倍，深度为 15～20 厘米。进门后设车辆消毒点。大门人员入口处设消毒间，安装紫外消毒灯管，地面设消毒垫。

（2）生产区入口处设消毒池、消毒间　消毒池长、宽、深与本场运输车辆相匹配。消毒间需安装紫外线灯和喷雾消毒设备，同时设有更衣室，提供已消毒的工作服、工作帽和胶靴，有条件的可设沐浴室。

（3）每栋兔舍入口处设脚踏式消毒盆

（4）兔场内配备火焰消毒器、喷雾消毒器等消毒设备

（5）消毒剂选择　根据《中华人民共和国兽药典》的规定，选择广谱，高效，刺激性小，对人、兔安全，不造成设备损坏，在兔体内不会产生有害蓄积的消毒剂产品。

**2. 消毒方法**

（1）喷雾消毒　采用规定浓度的化学消毒剂用喷雾装置进行消毒，适用于舍内消毒、带兔消毒、环境消毒、车辆消毒。

（2）浸液消毒　用有效浓度的消毒剂浸泡消毒，适用于器具消毒、洗手、浸泡工作服、胶靴等。

（3）熏蒸消毒　紧闭门窗，在容器内加入福尔马林、高锰酸钾或乳酸等，加热蒸发，产生气体杀死病原微生物，适用于兔舍消毒。

（4）紫外线消毒　用紫外线灯照射杀灭病原微生物，适用于消毒间、更衣室的空气消毒及工作服、鞋帽等物体表面消毒。

（5）喷洒消毒　喷洒消毒剂杀死病原微生物，适用于兔舍周围环境、门口的消毒。

（6）火焰消毒　用酒精、汽油、柴油、液化气喷灯进行瞬间灼烧灭菌，适用于兔笼、产仔箱及耐高温器物的消毒。

（7）煮沸消毒　用容器煮沸消毒，适用于金属器械、玻

璃用具、工作服等煮沸灭菌。

**3. 人员消毒**

（1）工作人员进入生产区需经消毒室踩踏消毒垫，使用消毒液洗手或洗澡，然后更换工作服、工作帽、胶靴后，经消毒专用通道进入。进出兔舍前后，需双脚轮流踩踏消毒盆。

（2）工作服和鞋帽等应定期清洗和更换，使用过的工作服、鞋帽清洗后用有效浓度的百毒杀消毒液浸泡 30 分钟，再用清水清洗，在阳光下晒干后使用。

（3）工作服、鞋帽禁止穿出生产区，非生产性用品禁止带入生产区。

（4）外来人员须经严格消毒程序方可进入生产区。

**4. 环境消毒**

（1）兔场大门口、生产区入口处消毒池每周更换 2~3 次消毒液，兔舍入口处脚踏式消毒盆消毒液每天更换一次，以保证消毒液的有效浓度。

（2）每天打扫场区卫生，保持场区清洁。每周对场区内道路、兔舍周围环境消毒一次，消毒剂可用 10％漂白粉、0.5％过氧乙酸或 1％烧碱溶液。

（3）对于疑受病原污染的地面土壤，可先用 10％漂白粉喷洒地面，然后将表层土壤崛起 30 厘米，撒上干漂白粉，与土壤混合均匀，加水湿润后原地填平压实。

**5. 兔舍消毒**

（1）新建兔舍消毒　首先将兔舍清扫干净，使用高压冲洗机将屋顶、墙壁、地面冲洗干净，然后使用 0.1％新洁尔灭或 1％百毒杀自上而下进行喷雾消毒。

（2）空舍期消毒　首先将兔舍内垫料、粪便等清理完毕，然后依次对屋顶、墙壁、进风窗、网架、地面、洗浴池、运动场等进行清扫，之后用高压冲洗机分别冲洗圈舍内的顶棚、墙壁、门窗、地面、走道，做到不留死角。搬出可拆卸用具及设备，洗净、晾干，于阳光下曝晒或干燥后用消毒剂从上到下喷雾消毒，必要时用 20％新鲜石灰乳涂刷墙壁。

（3）带兔消毒　家兔带兔消毒时间一般选择在 15 日龄以后。喷雾消毒时先将笼中接粪板上的粪便清理掉，将笼上的兔毛、尘埃和杂物清理干净，然后用消毒药进行喷雾消毒。喷雾药剂可以用 0.2％过氧乙酸，喷雾时按照从上到下、从左到右、从里到外的原则进行消毒。喷雾时切忌直接对着兔头喷雾，应使喷头向上喷出雾粒，雾粒大小控制在80～120 微米，每立方米用 20 毫升消毒液，喷至笼中挂小水珠方可。带兔喷洒消毒时，为了减少兔的应激反应，要和兔体保持 50 厘米以上的距离喷洒，消毒液水温也不要太低。为了增强消毒效果，喷雾时应关闭门窗。仔兔开食前每隔2 天消毒 1 次；开食后断奶前，每隔 4～5 天消毒 1 次；幼兔每周消毒 1 次；青年兔每 15 天消毒 1 次；免疫接种前后3 天停止消毒；兔群发生疫病时可采取紧急消毒措施。带兔消毒宜在中午前后进行。冬春季节选择天气好、气温较高的中午进行。

**6. 饮水消毒**　定期清理水箱内的污垢并进行消毒，每周对过滤器加 0.5％百毒杀清洗消毒一次。定期检测饮水中细菌总数和大肠杆菌数等指标，对于超标者，除注意更换水源以外，可在饮水中加入漂白粉，使氯离子达到有效含量，以杀灭病原。

**7. 器具消毒**　兔舍内饮水器、料槽等用具要定期清洗，至少每周一次，可用0.1%新洁尔灭或0.2%过氧乙酸浸泡或喷洒消毒。将产仔箱内垫草等杂物清理干净，用2%苛性碱进行彻底喷洒，或用喷灯进行火焰消毒。免疫或注射给药所用的连续注射器、非一次性针筒、针头及相关器械每次使用前后均需高压消毒。抗体检测、微生物检测及其他实验室试验废弃物需经高压处理或直接焚烧处理。对于平时生产所用推车、笼具、锹、铲等工具在使用后应立即洗刷干净，干燥后熏蒸或喷洒消毒，然后分类存放于指定地点备用。运输笼用完后应冲刷干净，放在阳光下曝晒2～4小时。兔转群或母兔分娩前，兔舍、兔笼均需消毒1次。

**8. 发生疫病后的消毒** 兔场发生传染病时，应迅速隔离病兔，由专人饲养和治疗。对受到污染的地方和用具要进行紧急消毒。清除剩料、垫草及墙壁上的污物，可采用10%～20%石灰乳、1%～3%苛性钠溶液、20%～50%漂白粉等。消毒次序是墙壁、门窗、兔笼、食槽、地面及用具和门口地面。

**9. 垫料、粪便、污水等废弃物处理** 对于从兔舍清除的垫料、粪便、污水等废弃物，应及时输往无害化处理区，通过发酵或沉淀反应，将垫料、粪便等转化为有机肥等再生资源，污水需处理达到排放标准方可排出场外。

**10. 消毒记录** 应包括消毒日期、消毒场所、消毒剂名称、消毒浓度、消毒方法、消毒人员签字等内容。记录资料要求保存2年以上。

## （三）免疫与监测

应根据《中华人民共和国动物防疫法》及其相关国家法规的要求，结合当地实际情况，制订长毛兔疫病的预防接种规划和免疫程序。应定期对疫苗免疫状态进行监测，以评估长毛兔的疫病发生风险及提出相应的疫病防控方案。长毛兔参考免疫程序如下：35日龄接种兔病毒性出血症灭活疫苗，颈部皮下注射，1毫升/只；45日龄接种兔A型魏氏梭菌灭活疫苗，颈部皮下注射，2毫升/只；60日龄接种兔病毒性出血症-多杀性巴氏杆菌二联灭活疫苗，颈部皮下注射，1毫升/只；以后每6个月颈部皮下注射兔病毒性出血症-多杀性巴氏杆菌二联灭活疫苗，1毫升/只。

## 二、病毒性疾病

### (一) 兔病毒性出血症

兔病毒性出血症又名兔瘟、兔出血性肺炎、兔出血症，是由兔出血症病毒引起的以体温升高、呼吸系统出血、高度接触传染性、致死性和全身实质器官出血为主要特征的传染病。

**1. 病原** 兔出血症病毒（RHDV），属杯状病毒科兔病毒属成员。兔出血症病毒有两种抗原亚型RHDVa和RHDVb，其中RHDVa含有6个基因型。

**2. 流行病学** 本病一年四季均可发生，多流行于冬春季节。潜伏期1～3天，通常在感染发热后12～36小时死亡。4周龄以上的长毛兔最易感，而哺乳期仔兔基本不发病，断奶幼兔有一定的抵抗力。病死兔、隐性感染兔是主要的传染源。消化道是主要的传播途径。

**3. 临床症状** 根据症状分为最急性、急性和慢性3个类型。

最急性型：无任何明显症状，往往突然倒地，气喘，头向后仰，四肢不断划动呈游泳状，最后惨叫几声猝死。有的嘴里正吃着草而突然死亡。少数病兔鼻腔内流出泡沫状鲜红血液。

急性型：多发于流行中期。病兔精神不振，食欲减退，渴欲增加，气喘，体温升至41℃以上。死前呼吸急促，兴奋、狂奔、仰头、抽搐，体温突然下降，有的尖叫几声倒地而死。少数病兔鼻腔内流出血样液体。患兔死前肛门松弛，流出少量淡黄色的黏性稀便。

慢性型：多见于流行后期或疫区。病兔体温至41℃左右，精神萎靡，食欲不振，严重消瘦，衰竭而死。少数病例转归良好。

**4. 病理变化**  病死兔出现全身败血症变化，各脏器都有不同程度的水肿、充血和出血。

口、鼻、耳、肛等天然孔常有血液流出。喉头、气管黏膜瘀血或弥漫性出血，以气管环最明显，气管和支气管内有泡沫状血液；肺高度水肿，一侧或两侧有大小不等的出血斑点，切面流出多量红色泡沫状液体。心包多有积液，心内外膜出血。肝脏肿大，色黄，有出血斑点。胰腺有出血点。脾脏暗紫色、肿大明显、边缘有梗死。肾肿大、紫红色，常与淡色变性区相杂而呈花斑状，被膜下可见点状出血。胃黏膜潮红，肠浆膜可见出血斑点。全身淋巴结肿大，出血。

**5. 诊断**  根据流行病学、临床症状、病理变化等可做出初步诊断。确诊需进行病原学检查和血清学试验。注意与兔巴氏杆菌病的鉴别。

**6. 防治措施**

（1）预防  加强饲养管理，如坚持自繁自养，做好卫生防疫、消毒、引种隔离工作。定期使用兔瘟灭活疫苗进行免疫。一般首免30～35日龄，兔瘟单苗或兔瘟-巴氏杆菌二联苗，2毫升/只，皮下注射；二免60～65日龄，1毫升/只，皮下注射。以后每6个月加强免疫1次，每次注射1毫升。

（2）治疗 一旦发生，立即封锁、隔离、消毒，对病死兔消毒后深埋或焚烧做无害化处理。对患兔可使用兔瘟高免血清注射，每只4～6毫升，7～10日后再进行疫苗免疫。对假定健康兔紧急接种2～3倍剂量的兔瘟灭活疫苗，同时在饲料中加入清热药物5～7天，并辅助添加电解多维或葡萄糖饮水。

## （二）兔传染性水疱性口炎

兔传染性水疱性口炎又称兔"流涎病"，是由水疱口炎病毒引起的一种急性传染病。主要特征是病兔口腔黏膜发生水疱性炎症，伴有大量流涎。该病具有较高的发病率和死亡率，幼兔死亡率可达50％。

**1. 病原** 兔传染性水疱口炎病毒，属弹状病毒科水疱病毒属，主要存在于水疱液、水疱及局部淋巴结中。

**2. 流行病学** 本病原只感染兔，不感染其他动物。常发于春秋季，主要危害1～3月龄幼兔，其中断奶1～2周的幼兔最常见，成年兔很少发生。病兔和带毒兔是重要的传染来源，通过口腔分泌物或坏死黏膜向外排毒。主要经消化道感染水平传播。饲养管理不当、饲喂霉变和有刺的饲料、口腔黏膜损伤等均可诱发本病。

**3. 临床症状** 发病初期唇和口腔黏膜充血潮红、逐渐出现粟粒至黄豆大小不等的水疱，水疱内充满清澈的液体，破溃后形成溃疡，大量恶臭液体顺口角流出，流涎处被毛沾湿，粘连成片，发生炎症、脱毛。若继发细菌感染，常引起唇、舌、口腔黏膜坏死，发生恶臭。因口腔炎症，采食时疼痛，多数减食或停食，精神萎靡，常伴有消化不良和严重的腹泻。病兔渐进性消瘦，常在病后2~10天死亡。

**4. 病理变化** 可见唇、舌、口腔黏膜出现水疱、糜烂和溃疡，咽喉部有多量泡沫状液体，唾液腺红肿，胃肠黏膜常有卡他性炎症。

**5. 诊断** 根据流行病学（常发于春秋季，主要危害1~3月龄幼兔，其中断奶1~2周的幼兔最常见）、临床症状（水疱、大量流涎）和病理变化（口腔黏膜水疱性炎症、糜烂、溃疡）等可做出初步诊断。应与兔痘、霉菌中毒相鉴别。确诊需进行病毒分离鉴定或血清学中和试验。

**6. 防制措施**

（1）预防 加强饲养管理，禁用带芒刺、粗糙饲草饲喂幼兔，避免损伤口腔黏膜。经常对笼具进行检查并严格消毒。坚持自繁自养，对引进的种兔要隔离观察1个月以上，健康无病才可入群。

（2）治疗 一旦发现有流涎的病兔，要立即隔离，局部与全身兼治，并对笼具消毒，防止扩散。

局部治疗：青霉素粉剂涂抹口腔感染部位，一般1次即可治愈；或用2%硼酸液、0.1%高锰酸钾溶液或1%盐水清洗口腔，然后涂擦碘甘油、明矾与少量白糖的混合剂，每日2次，连续3~5天。

全身治疗：结合局部同时每只病兔用复方新诺明0.5克，维生素$B_1$、维生素$B_2$各1片，研磨配成悬液一次滴入口中，2次/天，连用2~3天；或者每只病兔皮下注射青霉素80万~160万单位，2次/天；或内服磺胺二甲嘧啶0.2~0.5克，1次/天。

### （三）兔轮状病毒病

本病是由轮状病毒引起的仔兔的一种急性肠道传染病，其特征为水样腹泻和脱水。

**1. 病原** 兔轮状病毒，属呼肠孤病毒科轮状病毒属的成员。

**2. 流行病学** 主要发生于2～6周龄的仔兔，尤以4～6周龄仔兔最易感。青年兔、成年兔一般呈隐性感染而带毒。病兔及带毒兔是主要传染源。主要经消化道感染。传播方式为水平传播。新发病群往往呈爆发性传播。兔群一旦发病，每年将连续发生，很难根除。

**3. 临床症状** 无特征性的临床症状，病兔表现为突然发病，嗜睡，减食或绝食，排半流质或水样稀便，并含黏液或血液；肛门周围及后肢被毛被粪便污染；病兔迅速脱水、消瘦，多于下痢后3天左右死亡，病死率可达40%以上。病程长者可见眼球下陷等脱水症状。

**4. 病理变化** 病变主要在肠道，可见小肠，尤其是空肠和回肠充血、出血，肠壁变薄、膨胀，肠黏膜有大小不等的出血斑。盲肠膨胀，内含大量稀薄液。其他脏器无明显病变。

**5. 诊断** 根据流行病学、临床症状及病理变化做出倾向性诊断。但引起兔急性腹泻的病因较多，往往需要更准确的实验室诊断才能确诊，即从粪便中检出轮状病毒或其抗原，或从血清中检出轮状病毒抗体。

该病易与大肠杆菌等腹泻病相混淆。大肠杆菌引起的腹泻粪便中有胶冻样黏液，腹泻与便秘交替出现。

**6. 防治措施**

（1）预防 目前尚未有预防的疫苗和有效的治疗方法，

重点应放在平时预防上。应加强对断奶仔兔的饲养管理，给予仔兔充足的初乳和母乳，采取严格的卫生防疫措施。

（2）治疗　一旦发生本病，应立即隔离消毒，及时补液、收敛止泻（如鞣酸蛋白），并用抗菌药物（庆大霉素、丁胺卡那霉素等）防止继发感染。有条件的可用高兔血清治疗，每千克体重2毫升，皮下注射，1次/天，连用3天。

## 三、细菌性疾病

### （一）兔大肠杆菌病

兔大肠杆菌病又称黏液性肠炎，是由致病性大肠杆菌及其产生的毒素所引起的仔兔、幼兔肠道传染病，以排水样或胶冻样粪便及脱水为特征。

**1. 病原**　大肠杆菌，为革兰氏阴性无芽孢短杆菌。

**2. 流行病学**　一年四季均可发生，各种年龄的兔均有易感性，尤以1～3月龄仔、幼兔最易感，且病程长，反复发作，死亡率高，而成年兔很少发病。主要通过消化道感染。

**3. 临床症状**　特征症状是粪便里含有胶冻样黏液。体温一般正常或低于正常，精神沉郁，食欲减少，腹部膨胀。发病初期粪便细小，两头尖或成串，外包透明胶冻状黏液；有时带黏液粪球与正常粪球交替排出；之后剧烈腹泻，排出黄色水样稀便或白色泡沫状粪便，污染肛门。急性病例通常1～2天死亡。

**4. 病理变化**　胃膨大，充满液体和气体。各段肠道黏膜均有不同程度的充血、出血，肠壁变薄，并充满半透明胶冻样液体，伴有气泡，有时呈红褐色粥样；有的心、肝有小点状坏死灶。幼兔胸腔可见纤维性渗出物，胸膜与肺粘连，肺实变和坏死。

**5. 诊断** 根据断奶前后仔、幼兔多发；排胶冻样粪便；小肠胀气，内有黏液和胶冻样液体等特点可做初步诊断。确诊需做细菌学检查。应与魏氏梭菌病、球虫病进行鉴别。

**6. 防治措施**

（1）预防 加强饲养管理，减少各种应激；仔兔断乳前后，饲料应逐步加量和改变，定时定量饲喂，以免引起肠道菌群紊乱。搞好兔舍卫生，保持舍温相对恒定。常发病兔场，可用本场分离的大肠杆菌制成灭活苗预防，或口服药物，连用3～5天。

（2）治疗 最好先对分离的大肠杆菌做药敏试验，选择敏感药治疗。

链霉素，每千克体重20毫克，肌内注射，2次/天，连用3～5天；或庆大霉素，每千克体重2万～3万单位，肌内注射，2次/天，连用3～5天；或卡那霉素，每千克体重25万单位，肌内注射，2次/天，连用2～3天。

对症治疗：5％葡萄糖盐水20～50毫升，加维生素C 1毫升，皮下或腹腔注射，以防脱水。

辅助疗法：增加电解多维或微生态制剂。

## （二）魏氏梭菌病

魏氏梭菌病又称产气荚膜梭菌病、兔梭菌性肠炎，是由A型魏氏梭菌及其所产生的外毒素引起的家兔急性消化道传染病，以急性水样腹泻和迅速死亡为特征，发病率和死亡率均很高。

**1. 病原** A型魏氏梭菌，革兰氏阳性有荚膜芽孢杆菌。

**2. 流行病学** 一年四季均可发生，以冬春季最为常见。多呈地方性流行或散发。各品种、年龄的家兔均易感，尤以1～3月龄高发。病兔是主要传染源。经消化道感染，水平传播。饲养管理不当、天气骤变等因素均可诱发本病。

**3. 临床症状** 急剧水样腹泻，粪便有特殊的腥臭味，呈黑褐色或黄绿色，肛门附近及后肢被粪便污染。外观腹部膨胀，轻摇兔体可听到"咣当咣当"的拍水声。提起患兔，粪水即从肛门流出。后期可视黏膜发绀，体温偏低，双耳发凉，四肢无力拒食并严重脱水。大多数出现水泻的当天或次日死亡，少数可拖1周或更久。

**4. 病理变化** 尸体脱水、消瘦，剖开腹腔可闻到特殊腥臭味。胃内充满食物和气体，胃黏膜脱落，有出血斑点和大小不一的黑色溃疡灶。小肠充满含气泡的稀薄内容物，肠壁弥漫性出血、薄而透明；盲肠肿大，黏膜有横向条纹状出血，内容物黑红色水样粪便，有腥臭味。部分病例的膀胱内积有茶色或蓝色尿液。

**5. 诊断** 根据流行病学、临床症状和病理变化可做初步诊断。确诊需要进一步做细菌学检查、血清学诊断和动物接种试验。应与轮状病毒病、球虫病、沙门氏菌病、泰泽氏病进行鉴别。

**6. 防治措施**

（1）预防 加强饲养管理，合理搭配精粗料，变换饲料逐步进行，禁喂发霉变质的饲料，减少各种应激因素。

定期预防：35日龄首免瘟-巴氏杆菌病-魏氏梭菌病三联苗1毫升/只，成年兔每4个月免疫一次，2毫升/只。

（2）治疗 一旦发现病兔或可疑病兔，应立即隔离治疗或淘汰，并做好消毒工作。使用A型魏氏梭菌高兔血清，

5~10 毫升皮下注射，1 次/天，连用 2~3 天即可康复。使用魏氏梭菌疫苗，3~4 毫升/只紧急皮下接种，同时注射甲硝唑 25 毫克/千克，2 次/天，并在饲料中加入 1%的木炭粉以吸收细菌毒素。

对症治疗：腹腔注射 5%葡萄糖生理盐水，口服食母生 5~8 克/只和胃蛋白酶 1~2 克/只，疗效更佳。

### （三）巴氏杆菌病

巴氏杆菌病即出血性败血病，是由多杀性巴氏杆菌引起的一种急性传染病。

**1. 病原** 多杀性巴氏杆菌，为革兰氏阴性、两端钝圆、细小、呈卵圆形的短杆菌。

**2. 流行病学** 一年四季均可发生，但以春秋两季较为多见，呈散发或地方性流行。各年龄长毛兔均易感，主要发生于青年兔和成年兔，哺乳仔兔很少发病。病兔和带菌兔是主要的传染源，主要经消化道或呼吸道感染，也可经皮肤黏膜的破损伤口感染。

一般 30%~75%的家兔上呼吸道黏膜和扁桃体带有巴氏杆菌，但无症状。当各种因素（气温突变、饲养管理不良、长途运输等）使兔体抵抗力降低时，体内的巴氏杆菌大量繁殖，毒力增强，从而引起机体发病。

**3. 临床症状**

败血症型：多呈急性经过，全身出血性败血症。病程短的 24 小时死亡，往往无明显症状而突然死亡。病程长的 1~3 天死亡，表现为精神沉郁、厌食，体温 41℃以上，呼吸急促，鼻孔流浆液性或脓性鼻液。死前体温陡降，四肢抽搐。

鼻炎型：比较多见，病程很长，一般数日至数月不等。

以鼻腔流出浆液性、黏液性或脓性鼻液为特征。病兔常打喷嚏和咳嗽，鼻液在鼻孔周围结痂和堵塞鼻孔，造成呼吸困难并发出呼噜声。由于病兔用前爪抓擦鼻部，将病菌带入眼内、皮下等诱发其他病症。

肺炎型：病兔精神沉郁，食欲不振或废绝，在笼内运动较少，一般不表现明显的呼吸症状，多呈腹式呼吸，病程长短不一，多因消瘦、衰竭而死。

中耳炎型：也称斜颈病。单纯的中耳炎常无明显症状，但如病菌扩散至内耳及脑部，则病兔出现斜颈症状，严重时兔向头颈倾斜的一侧滚转，一直到被物体阻挡为止。严重时耳孔流出脓性分泌物。由于两眼不能正视，患兔饮食极度困难，因而逐渐消瘦。

结膜炎型：又称烂眼病，多发于青年兔和成年兔。临床表现为眼睑红肿，结膜潮红，有浆液性、黏液性或脓性分泌物流出，常将眼睑粘住，有时可导致失明。

脓肿型：全身各部位皮下、内脏都可发生脓肿。可摸到皮下脓肿。有的脓肿被膜破溃流出白色、黄褐色脓性分泌物，有的慢性脓肿可形成干酪状物。

### 4. 病理变化

败血症型：剖检可见全身性充血、出血和坏死。此型可单发或继发于其他任何型巴氏杆菌病，但常继发于鼻炎型和肺炎型之后，此时可同时见到其他型的症状和病变。

鼻炎型：初期鼻黏膜充血，后期鼻腔内充满浆液性、脓性分泌物，黏膜水肿、肥厚。

肺炎型：主要病变在肺部，以急性纤维素性化脓性肺炎和胸膜炎为特征。小兔常表现为胸腔积液；成年兔常表现为胸膜和肺有纤维素性絮体。眼观肺实变、萎缩、脓肿和灰白色小结节。

中耳炎型：一侧或两侧鼓室内有白色或淡黄色渗出物；鼓膜破裂时这种渗出物流出外耳道。如炎症由中耳、内耳蔓延至脑部，则可见化脓性脑膜脑炎变化。

脓肿：脓肿有被膜包裹，内部充满白色、黄褐色奶油样脓汁。病程长者脓汁变为干酪样物，被厚的结缔组织包围。

**5. 诊断**　根据不同病型的临床症状、病理变化可做出初步诊断，确诊需做细菌学检查。应与兔病毒性出血症、兔波氏杆菌病、兔李氏杆菌病、野兔热相区别。

**6. 防治措施**

（1）预防　坚持自繁自养，确需引种要注意对新引进的家兔进行严格检查，观察隔离一月无病后方可入群。加强饲养管理，控制饲养密度，保持通风良好，定期消毒，搞好兔舍内外环境卫生。对兔经常进行临床检查，发现有流鼻涕、鼻毛潮湿蓬乱、中耳炎、结膜炎等时及时将兔挑出，隔离饲养和治疗。曾发过本病的兔场，可用兔多杀性巴氏杆菌灭活疫苗皮下预防免疫，2毫升/次，2次/年。

（2）治疗　一旦发现本病，立即采取隔离、治疗、淘汰和消毒措施。对中耳炎型病兔坚决淘汰。治疗可用以下药物：①青霉素、链霉素联合注射：青霉素每千克体重2万～5万单位，链霉素每千克体重5万～10万单位，混合肌内注射，2次/天，连用3天；庆大霉素，每千克体重2万单位，肌内注射，2次/天，连用5天；磺胺二甲嘧啶（SM2），每千克体重0.1克，首次加倍，内服，每天2次，连用3～5天。

## （四）兔波氏杆菌病

兔波氏杆菌病是由支气管败血波氏杆菌引起的以鼻炎和

肺炎为特征的一种家兔常见传染病。仔兔、青年兔发病率较高，成年兔发病较少。

**1. 病原** 支气管败血波氏杆菌，属革兰氏阴性细小杆菌。

**2. 流行病学** 本病多发于冬、春季节。传播广泛，常呈地方性流行，慢性经过为多，急性败血性死亡较少。幼兔发病率高，成年兔发病较少。传播方式为空气传播，经呼吸道感染。自然条件下，多种哺乳动物上呼吸道中都有本菌寄生，常引起慢性呼吸道病的相互感染。尤其在天气突变、兔的抵抗力下降、兔舍环境卫生差、空气质量不好等情况下，本病较易发生。

**3. 临床症状** 本病可分为鼻炎型、支气管肺炎型、败血症型3种类型。

鼻炎型：较为常见，多与多杀性巴氏杆菌并发，病兔鼻腔流出浆液性或黏液性分泌物。诱因消除后，症状可很快消失。

支气管肺炎型：多呈散发。幼兔、青年兔多为急性。病兔精神沉郁，食欲不振，呼吸加快，呈犬坐姿势，消瘦而死。鼻腔流出黏性至脓性分泌物，鼻炎长期不愈，甚至细菌下行引起支气管肺炎。

败血症型：细菌侵入血液引起败血症，若不治疗很快死亡。多发生于仔兔和青年兔。

**4. 病理变化**

鼻炎型：鼻腔黏膜潮红，附有浆液性或黏液性分泌物。

支气管肺炎型：鼻腔、气管中有泡沫状黏液。主要病变为肺和心包膜有大如鸽蛋、小如芝麻、数量不等、凸出表面的脓肿，外有一层致密的结缔组织薄膜，内有黏稠、乳白色的脓汁。有的病例在肝、肾、睾丸等器官也可见到或大或小的脓疱。

**5. 诊断**  根据流行病学、临床症状（有明显的鼻炎、支气管肺炎症状）和病理变化（有特征性的化脓性支气管肺炎和脓疱）可做出初步诊断。确诊需做病原菌分离鉴定。应与巴氏杆菌病、绿脓杆菌病进行区别。

**6. 防治措施**

（1）预防  加强饲养管理，改善饲养环境，做好防疫工作。兔舍要通风良好，保持适宜的温度和湿度。对舍内的工具、兔笼、工作服等要定期消毒。定期杀虫、灭鼠及淘汰病兔及阳性兔。坚持自繁自养，新引进的兔，必须隔离观察1个月以上，经细菌学与血清学检查为阴性者方可入群。定期注射兔波氏杆菌灭活疫苗，1毫升/只，皮下注射，2次/年。

（2）治疗  一旦发生，首先将病兔隔离、治疗或淘汰。本病停药后易复发，内脏脓疱治疗效果不明显，应及时淘汰。可用庆大霉素，1万～2万单位/只，肌内注射，2次/天，连用3～5天；或卡那霉素，1万～2万单位/只，肌内注射，2次/天，连用3～5天。

## （五）葡萄球菌病

兔葡萄球菌病是由金黄色葡萄球菌引起的常见传染病，其特征为身体各器官脓肿形成或发生致死性脓毒败血症。经创口及天然孔或直接接触感染。由于侵入途径和感染部位不同，常以不同的发病形式出现，如乳腺炎、脓毒败血症、仔兔黄尿病、脚皮炎等。

**1. 病原**  金黄色葡萄球菌，革兰氏阳性需氧或兼性厌氧菌。

**2. 流行病学**　一年四季均可发病，无明显季节性。不同品种、年龄的家兔均可发病。通过飞沫传播、脐带感染、皮肤或黏膜伤口侵入等方式传播感染，发病部位不同，引发的病症也不同。

**3. 临床症状**

（1）脓肿　发生于任何部位的皮下、肌肉或内脏器官，形成一个或几个大小不一的脓肿。皮下脓肿多由外伤引起，初期较硬，红、肿、热，后期变软、有波动感，成熟后自行破溃流出乳白色黏稠脓液。内脏器官脓肿可使其机能受到影响。

（2）仔兔脓毒败血症　多发生于1周龄左右的仔兔，在各部位皮肤或皮下出现粟粒状大小不等的白色脓疱，脓汁呈乳白色奶油状，病兔常迅速死亡。暂时未死的兔脓疱扩大或自行溃破，生长缓慢，形成僵兔。多因金黄色葡萄球菌通过脐带或皮肤损伤感染引起。

（3）乳腺炎　多由乳房皮肤破损感染，常见于母兔分娩后的头几天。初期乳房局部红肿，随后整个乳房红肿、发热、变硬、有痛感，逐渐呈紫红至蓝紫色，乳汁中含有脓液、凝乳块或血液等。

（4）仔兔黄尿病　又称仔兔急性肠炎。由于仔兔吃了含有葡萄球菌的乳汁而引起的急性肠炎。常呈整窝发生，整窝死亡。仔兔昏睡，不食，全身发软，排出黄色尿液和黄色稀便，后躯及肛门被毛潮湿、腥臭。

（5）生殖器官炎症　发生于各种年龄的家兔，尤以母兔感染率最高。母兔阴户周围和阴道溃烂，形成一片溃疡面。有时阴户周围和阴道有大小不一的脓肿，从阴道内可挤出黄白色黏稠的脓液。患病公兔的包皮有小脓肿、溃烂或呈棕色结痂。

（6）脚皮炎　兔脚掌下的皮肤充血，肿胀、脱毛，继而化脓、破溃并形成经久不愈易出血的溃疡面。病兔小心换脚休息，跛行，甚至出现高跷腿、弓背等症状。严重的全身感染，继发败血症而死。

**4. 病理变化**　皮下、肌肉、乳房、关节、心包、胸腔、腹腔、睾丸、附睾及内脏等各处可见化脓病灶。大多数化脓灶均有结缔组织包裹，脓汁黏稠、乳白色、呈膏状。

**5. 诊断**　根据特殊的临床症状（皮肤、乳房和内脏器官的脓肿及腹泻）和病理变化可做初步诊断，确诊需通过病原菌分离鉴定。应与巴氏杆菌病、波氏杆菌病、绿脓杆菌病进行鉴别。

**6. 防治措施**

（1）预防　加强饲养管理，做好环境卫生，消除笼内的一切锋利物，产箱内垫草清洁柔软，以防兔皮肤受伤。受外伤时及时消毒处理。发病率高的兔群定期皮下接种葡萄球菌流行株菌苗1毫升，2次/年。可在母兔产仔后每天喂服1片（分2次）复方新诺明，连续3天。产后最初几天可减少精料量，防止乳腺分泌过盛。预防脚皮炎应选脚毛丰厚的留种，可在笼内放一块大小适中的软板以缓解本病。

（2）治疗　一旦发病，应及时隔离、消毒并采取积极的治疗措施。临床用药最好根据药敏试验科学用药。

局部治疗：脓肿与溃疡按常规外科处理。脓疱形成后，待其成熟，在溃破前切开皮肤，挤出脓汁，用双氧水、高锰酸钾溶液清洗脓腔，挤清后，涂擦 5% 龙胆紫酒精溶液或 3%～5% 碘酒、青霉素软膏、红霉素软膏，也可内撒消炎粉或青霉素粉。脚皮炎还要包扎严实，3～4 天换 1 次，治愈为止。

全身治疗：青霉素，10 万单位/次，肌内注射，2 次/天。严重的乳腺炎可用2%普鲁卡因 2 毫升，加注射用水 8 毫升，稀释 10 万～20 万单位的青霉素，做乳房密封皮下注射；已形成脓肿的，可切开排脓，用双氧水冲洗，最后涂一些抗菌消炎药物。

### （六）沙门氏菌病

沙门氏菌病又称副伤寒，是由鼠伤寒沙门氏菌和肠炎沙门氏菌引起的一种传染病。临床以败血症、流产、腹泻和迅速死亡为特征。

**1. 病原** 鼠伤寒沙门氏菌或肠炎沙门氏菌，为革兰氏阴性卵圆形小杆菌。需氧或兼性厌氧。

**2. 流行病学** 一年四季均可发生，一般春季多发。发病不分年龄、性别和品种，但以断奶幼兔和怀孕 25 日后的妊娠母兔易发。病兔、带菌兔是最主要的传染源。主要经消化道、仔兔经子宫和脐带感染。

**3. 临床症状** 幼兔主要表现顽固型下痢，粪便呈糊状带泡沫，肛门周围沾有粪便。体温升高，精神不振，厌食、逐渐消瘦死亡，病程 1 周左右。

孕兔常发生流产，流产前往往突然发病，食欲减退或拒食，流产后由阴道流出脓性分泌物。有的母兔可于流产当日或次日死亡，流产后康复兔将不易受孕。

**4. 病理变化** 急性病例常呈败血性变化，可见内脏器官充血、出血。肝脏有弥散性点状出血或针尖大小的坏死灶。胸腹腔内有大量浆液性或纤维性渗出物。肠系膜淋巴结肿大，肠壁有灰白色坏死灶。流产母兔化脓性子宫炎，子宫黏膜出血、溃疡。未流产的胎儿发育不全、木乃伊化或液化。

**5. 诊断**　根据流行病学、临床症状、病理变化可做出初步诊断。确诊需进行细菌学检查或血清平板凝集试验。应与大肠杆菌病、伪结核病进行鉴别。

**6. 防治措施**

（1）预防　加强饲养管理，定期消毒，做好灭蝇和灭鼠工作。一旦发生本病，立即对病兔隔离治疗或淘汰，兔舍、笼具严格消毒。可用凝集试验普查带菌兔，对阴性兔可应用本场分离到的沙门氏菌制成死菌苗进行预防注射，对阳性兔进行淘汰。

（2）治疗　本菌耐药菌株不断增加，有条件的先对分离菌株进行药敏试验，再选用敏感药物进行治疗。可用氟苯尼考，每千克体重 20～30 毫克，内服；或每千克体重 20 毫克，肌内注射，2 次/天，连用 3～5 天；庆大霉素，每千克体重 2 万单位，肌内注射，2 次/天，连用 5 天。

对急性病兔，可用 5%～10% 葡萄糖盐水 20 毫升，庆大霉素 4 万单位，缓慢静脉注射，1 次/天，并用链霉素 50 万单位肌内注射。

## （七）绿脓杆菌病

绿脓杆菌病是由绿脓杆菌引起的以败血症、皮下与内脏脓肿及出血性肠炎为特征的疾病。

**1. 病原**　绿脓杆菌又称为铜绿色假单孢杆菌，为中等大小的革兰氏阴性菌。

**2. 流行病学**　绿脓杆菌病在自然界中分布广泛，土壤、水、肠内容物、动物体表等处都有本菌存在。患病期间动物粪便、尿液、分泌物污染饲料、饮水用具，成为该病的传染源。各年龄兔均易感。机体抵抗力降低或有外伤时会引起发病。

**3. 临床症状** 患兔精神沉郁，食欲减退或废绝，呼吸困难，排褐色稀便，一般出现腹泻24小时后开始发生死亡。慢性病例腹泻，皮下往往形成脓肿，脓液呈黄绿色或黑褐色黏液状，有特殊气味。鼻、眼有浆液性或脓性分泌物。

**4. 病理变化** 腹部皮肤呈青紫色，皮下形成脓肿，个别兔皮下水肿。胸腔、心包囊和腹腔内积有血样液体。肺深红色、有点状出血。各肠段黏膜充血、出血，肠腔内充满血样液体。肝稍肿，脾肿呈桃红色。

**5. 诊断** 根据临床症状和病理变化可做初步诊断。确诊需进行病原分离鉴定。

**6. 防治措施**

（1）预防 加强饮水和饲料卫生，做好防鼠和灭鼠工作，清除兔笼、用具中的锐刺，避免拥挤，防止咬伤。发生外伤时及时处理，发现病兔应隔离治疗，死兔深埋，对污染的兔舍及用具彻底消毒。

（2）治疗 本菌极易产生抗药性，最好根据药敏试验结果选择敏感药治疗。可用多黏菌素注射液，2万～4万单位/只，肌内注射，1～2次/天，连用3～5天；或多黏菌素，每千克体重2万单位，加磺胺嘧啶每千克体重0.2克，拌料饲喂，连喂3～5天；或新霉素注射液，每千克体重2万～3万单位，肌内注射，2次/天，连用3～5天。

## （八）克雷伯氏菌病

兔克雷伯氏菌病是由克雷伯氏菌引起的以幼兔腹泻、

成年兔肺炎为特征的传染病。

**1. 病原** 克雷伯氏菌，革兰氏阴性短粗卵圆形杆菌。

**2. 流行病学** 不同年龄及不同品种兔均易感，但以长毛兔的感染率最高。主要侵害尿道、生殖道和呼吸道。

**3. 临床症状** 幼兔剧烈腹泻。青年、成年患兔病程长而无特殊临床症状，一般表现为精神不振，食欲渐少，呈渐进性消瘦，被毛粗乱，行动迟缓，呼吸急促，打喷嚏，流鼻液。部分妊娠母兔发生流产。

**4. 病理变化** 主要表现为患兔肺部和其他器官、皮下、肌肉有脓肿，脓液黏稠呈灰白色或白色。部分病例的肺脏呈大理石样实变。幼兔剧烈腹泻、脱水、衰竭，终至死亡。幼兔肠道黏膜淤血，肠腔内有大量黏稠物和少量气体。

**5. 诊断** 根据临床症状、病理变化可做初步诊断。确诊需进行病原分离鉴定。

**6. 防治措施**

（1）预防 本病没有特异性预防方法，平时加强饲养管理和卫生消毒及灭鼠工作，妥善保管饲料。

（2）治疗 一旦发病，及时隔离治疗，对病死兔焚烧或深埋处理。首选药物为链霉素，每千克体重 20 万单位，肌内注射，2 次/天，连用 3 天；或卡那霉素，每千克体重 2 万单位，肌内注射，2 次/天，连用 3 天；或庆大霉素，每千克体重 2 万单位，肌内注射，2 次/天，连用 3~5 天；或氟苯尼考，每千克体重 20 毫克，肌内注射，2 次/天，连用 3 天。

### （九）兔泰泽氏病

本病是由毛样芽孢杆菌引起的以严重下痢、脱水并迅速死亡为主要特征的一种急性传染病。发病率和死亡率较高。

**1. 病原** 毛样芽孢杆菌为严格细胞内寄生菌，菌体细长，革兰氏染色阴性，能形成芽孢。

**2. 流行病学** 本病主要侵害6～12周龄兔，断奶前的仔兔和成年兔也可感染发病。以秋末至春初多发。应激因素如拥挤、过热、气候剧变、长途运输及饲养管理不当等往往是本病的诱因。病原经消化道感染。兔感染后不马上发病，而是侵入肠道缓慢增殖，当机体抵抗力下降时发病。

**3. 临床症状** 突然发病，以严重的水样腹泻、后肢沾有粪便及迅速出现脱水为特征。患兔精神沉郁，食欲废绝，于1～2天内死亡。少数耐过者，长期食欲不良，生长迟缓。

**4. 病理变化** 尸体严重脱水。肝脏肿大，肝表面和切面有灰黄色、针尖大坏死点。心肌有灰白色斑点状坏死。坏死性盲肠结肠炎，回肠后段、盲肠前段的浆膜有大片明显出血。蚓突部有暗红色坏死灶。慢性病例有广泛坏死的肠段发生纤维素化狭窄。

**5. 诊断** 根据流行病学、临床症状、病理变化可做出初步诊断。确诊需由感染组织的细胞浆中检出毛发样芽孢杆菌。应与魏氏梭菌病、大肠杆菌病、绿脓杆菌病、副伤寒病、轮状病毒病等疾病相区别。

**6. 防治措施**

（1）预防 加强饲养管理，减少应激因素，严格兽医卫生制度。一旦发病应及时隔离治疗，全面消毒，烧毁排泄物，并对未发病兔在饮水或饲料中加入土霉素进行预防。

（2）治疗 病初0.006％～0.01％土霉素饮水，疗效良好；或青霉素20万～40万单位与硫酸链霉素30万～50万单位，肌内注射，1次/天，连用3天。

## （十）土拉伦斯病（野兔热）

本病又称野兔热、兔热病、土拉热、土拉菌病，是由土拉伦斯杆菌引起的一种急性、热性、败血性人兽共患传染病。以体温升高，肝、脾、淋巴结肿大、坏死为特征。

**1. 病原** 土拉伦斯杆菌是一种革兰氏阴性多形态细菌。

**2. 流行病学** 一年四季均可发生，大流行见于洪水或其他自然灾害。野生啮齿动物为本菌的主要携带者，通过其污染的水源、饲料及用具，经消化道、呼吸道、伤口等感染。

**3. 临床症状** 急性病兔不表现明显症状，仅于临死前精神不振、食欲减退、运动失调，2～3天内败血死亡。多数病例为慢性，体温升高，鼻腔发炎，流出黏液性或脓性分泌物；体表淋巴结（颌下、颈下、腋下、腹股沟）肿大发硬；高度消瘦，最后多衰竭而死。

**4. 病理变化**

急性病例：迅速发生败血而死亡，剖检无明显病变。

慢性病例：尸体极度消瘦，皮下少量脂肪呈污黄色。肌肉呈煮熟状，淋巴结显著肿大、深红色并有灰色针头大坏死结节。肝、脾、肾肿大，表面有大小不一的灰白色坏死灶。

**5. 诊断** 根据流行病学、临床症状（体温升高、有鼻炎、消瘦、衰竭）、病理变化（淋巴结、肝、脾、肾显著肿大、坏死）可以做出初步诊断。确诊需病原菌检查。应与伪结核病、李氏杆菌病进行鉴别。

**6. 防治措施**

（1）预防 注意灭鼠、杀虫和驱除体外寄生虫，防止野兔进入兔场。做好卫生防疫工作，经常进行兔舍和笼位清洁卫生和消毒。发病兔及时隔离，治疗效果不好的病兔扑杀，尸体及分泌物焚烧。疫区可接种弱毒菌苗。

（2）治疗　初期抗生素治疗有效，后期治疗效果不好。可用链霉素，每千克体重0.5万～1万单位，肌内注射，2次/天，连用4天；或卡那霉素，每千克体重1万单位，肌内注射，2次/天，连用3天；或氧氟沙星注射液，每千克体重0.2～0.3毫升，肌内注射，2次/天，连用3～5天。

### （十一）兔坏死杆菌病

兔坏死杆菌病是由坏死杆菌引起的以皮肤和口腔黏膜坏死为特征的散发性慢性传染病。

**1. 病原**　病原为坏死梭状杆菌，革兰氏阴性多形性菌，严格厌氧。

**2. 流行病学**　本病常为散发，偶呈地方性流行或群发。一年四季均可发，以多雨潮湿、炎热季节多发。各年龄均可发，幼兔比成年兔易发，长毛兔较短毛兔易发。病兔的分泌物、排泄物所污染的外界环境是主要的传染源。主要经过损伤的皮肤、口腔和消化道黏膜感染。

**3. 临床症状**　病兔厌食、流涎、高热、消瘦。唇和皮下部、口腔黏膜和齿龈、颌下面部、颈部、胸部、脚部及四肢关节等处的皮肤和皮下组织发生坏死性炎症，形成脓肿、溃疡，并散发出恶臭气味。病程一般数周或数月，多数死亡。

**4. 病理变化**　感染部位黏膜、皮肤、肌肉坏死，淋巴结尤其是颌下淋巴结肿大，并有干酪样坏死病灶。肝、脾多有坏死或化脓灶。有时见肺坏死灶、胸膜炎、腹膜炎、心包炎甚至乳腺炎。坏死组织有特殊臭味。

**5. 诊断**　根据临床症状和坏死组织特殊臭味可做出初步诊断。确诊需采集感染部位组织进行细菌学检查。应与绿脓杆菌病、传染性口腔炎进行鉴别。

**6. 防治措施**

（1）预防　平时注意保持兔舍的清洁卫生，保持干燥，空气流通。兔笼要除去锐利物，防止皮肤、黏膜损伤。消灭蚊、虱等。

（2）治疗　一旦发病，立即隔离，彻底消毒。

局部治疗：首先清除掉坏死组织，口腔先用 0.1% 高锰酸钾溶液冲洗，然后涂擦碘甘油，2～3 次/天。其他部位用 3% 双氧水或 0.1% 高锰酸钾溶液冲洗，然后涂擦 5% 鱼石脂酒精或鱼石脂软膏。患部出现溃疡时，清理创面后涂擦土霉素或青霉素软膏，2～3 次/天，并配合全身治疗。

全身治疗：为防止形成内脏的转移性病灶，在局部治疗的同时还应进行全身治疗。可用磺胺二甲基嘧啶每千克体重 0.15～0.2 克，肌内注射，2 次/天，连用 3～4 天；或青霉素，2 万～4 万单位，肌内注射，2 次/天，连用 3 天。

## （十二）李氏杆菌病

李氏杆菌病又称为单核细胞增多病，是由李氏杆菌引起的一种人兽共患的散发性传染病。以急性败血症、慢性脑膜炎为主要特征。

**1. 病原**　李氏杆菌，革兰氏阳性。

**2. 流行病学**　一年四季都可发生，以冬春季节多见。幼兔与孕兔较多发。多为散发，有时呈地方流行。虽然发病率低，但致死率很高。鼠类是自然界李氏杆菌的储藏库。

**3. 临床症状**　根据症状分为急性型、亚急性型和慢性型。

急性型：常见于幼兔。一般表现为突然发病，体温可达

40℃以上，精神沉郁，食欲废绝。也见鼻炎、结膜炎。鼻腔流出浆液性、黏液性或脓性分泌物。口吐白沫，背颈、四肢抽搐，低声嘶叫，几小时或1～2天内死亡。

亚急性型：主要表现间歇性神经症状，如嚼肌痉挛，全身震颤，眼球凸出，头颈偏向一侧，做转圈运动。孕兔流产或胎儿干化。一般经4～7天死亡。

慢性型：主要表现为子宫炎，分娩前2～3天发病，流产并从阴道内流出暗紫色的污秽分泌物。有的还出现头颈歪斜、运动失调等神经症状。流产康复后的母兔长期不孕。

**4. 病理变化**　全身瘀血，皮下胶冻样水肿，淋巴结肿大。鼻炎、化脓性子宫内膜炎。腹水增多。有时心、肝、脾和肾见有白色坏死灶。有时发现一至数只木乃伊胎。

**5. 诊断**　根据流行病学、临床症状及病理解剖变化做出初步诊断。确诊需进行病原分离鉴定。应与沙门氏菌病相鉴别诊断。

**6. 防治措施**

（1）预防　注意隔离、消毒。加强灭鼠灭蚊工作。

（2）治疗　可用庆大霉素，每千克体重1～2毫克，肌内注射，2次/天，连用3天。或卡那霉素注射液，每千克体重0.2毫升，肌内注射，2次/天，连用3天。或磺胺嘧啶钠，每千克体重0.1～0.3毫克，肌内注射，首次加倍，早、晚各1次，连用3～5天。

# 四、寄生虫病

## （一）兔球虫病

兔球虫病是一种对幼兔危害极其严重的病害，是由寄生于兔肠道或肝脏胆管上皮细胞内的艾美耳属的多种球虫所引起的。以断奶前后的幼兔腹泻、消瘦及球虫性肝炎和肠炎为主要特征。

**1. 病原** 侵害家兔的球虫有 10 多种，寄生于家兔小肠或肝脏胆管上皮细胞内。

**2. 流行病学** 本病全年发生，但在温暖、潮湿、多雨的季节多发。各品种的家兔都易感，尤以 40 日龄至 3 月龄的仔幼兔最易感。幼兔感染率可达 100%，死亡率可达 80% 左右。耐过的兔生长发育迟滞。

**3. 临床症状** 根据发病部位可分为肝型、肠型和混合型 3 种类型。

肠型：多呈急性经过。患兔突然倒下，头向后仰，两后肢伸直划动，发出惨叫，迅速死亡。或可暂时恢复，间隔一段时间，重复以上症状，最终死亡。慢性肠球虫表现为体质下降，食欲不振，腹胀，下痢，排尿异常，尾根部附近被毛潮湿、发黄。

肝型：口腔、眼结膜轻度黄染，腹泻或便秘，腹围增大下垂，触诊有痛感。

混合型：眼、鼻分泌物增多，唾液增多。结膜苍白，有时黄染。腹泻与便秘交替出现，尿频或常呈排尿姿势，腹围肿大，肝区触诊疼痛。有时病兔尤其是幼兔有神经症状，痉挛或麻痹。

**4. 病理变化**

肠型：病变主要在肠道。肠壁血管充血，肠黏膜有出血小点，小肠内充满气体和大量黏液，有时肠黏膜有微红色黏液覆盖。慢性时，肠黏膜上有明显的出血斑点或许多灰白色小结节。

肝型：肝脏明显肿大，肝表面及实质内有大小不等的黄白色结节病灶，或肝表面可见大量水疱样病灶，内有较多半透明液体。腹腔积液。膀胱积尿，尿色黄而混浊。

混合型：兼具上述两种特征。

**5. 诊断**　根据流行病学、临床症状（腹泻、消瘦、贫血）、病理变化（肝、肠特征的结节状病变）可做出初步诊断。确诊需进行实验室检查（直接涂片法、饱和盐水漂浮法）。

**6. 防治措施**

（1）预防　大小兔分笼饲养，及时清理粪便，定期消毒，保持兔舍通风干燥。兔粪尿堆积发酵，以杀灭球虫卵囊。定期药物预防，可用 0.1％地克珠利预混剂，0.001％拌料；或莫能菌素，0.003％混饲。

（2）治疗　如果发生兔球虫病，需及时用抗球虫药进行治疗。可用磺胺间甲氧嘧啶及甲氧苄啶复方合剂，二者按 5∶1 混合后，每千克饲料加 1～1.25 克，连喂 3 天，或在 1 千克水中加入 21 毫克，连饮 8 天。氯苯胍和地克珠利也可用于治疗，剂量通常为预防剂量的 2～3 倍。

注意大部分抗球虫药物都有休药期，因此长毛兔养殖需参考所选药物的休药期进行合理用药。

## （二）兔螨病

螨病是兔常见的一种体外寄生虫病，具有高度的传染性，如不及时有效治疗，很快传染全群。

**1. 病原**　螨虫，寄生于兔的主要是痒螨和疥螨。痒螨寄生于皮肤表面，咬破皮肤吞食淋巴液和细胞液。疥螨侵入表皮挖掘隧道，以表皮深层的淋巴液和上皮细胞液为食。

**2. 流行病学** 本病无明显季节性，冬春季节多发。不同年龄的长毛兔都可感染，但幼兔易感性强，发病严重。本病主要是通过健康兔和病兔直接接触感染，也可通过污染的笼具等间接感染。

**3. 临床症状** 依寄生部位分为耳螨和体螨。

耳螨病：主要由痒螨引起，寄生于耳郭及耳道内。始发于耳道内耳根处，先红肿，继而流渗出液，患部结成一层粗糙、增厚、麸样的黄色痂皮，进而引起耳郭肿胀、流液，痂皮越积越多，以致呈纸卷状塞满整个外耳道，使病兔耳朵下垂、发痒，表现烦躁不安，不断摇头或用脚爪抓搔耳朵和头部，又可造成自伤，继发细菌感染。有时病变蔓延到中耳和内耳，甚至达到脑部。

体螨病：主要由疥螨和背肛螨引起，多寄生于脚趾面、鼻、唇周围、眼圈等少毛部位的真皮层。最初一般先在嘴、鼻、眼和脚趾部发生，然后向四肢、头部、腹部及其他部位扩展。感染部位的皮肤起初红肿、脱毛，渐变肥厚，多褶，继而龟裂，逐渐形成灰白色痂皮。患部奇痒，常用嘴咬、趾抓或在兔笼锐边磨蹭止痒，以致咬破、抓伤、擦伤皮肤并发炎症，病情加重。病兔因剧痒影响采食及休息，使兔极度瘦弱而死。

**4. 诊断** 根据流行病学、临床症状和病理变化可做出初步诊断，确诊尚需实验室检查。

怀疑为痒螨病时，用刀片轻轻刮取兔外耳道患部表皮的湿性或干性分泌物；而疥螨病则在皮肤患部与健康部交界处用刀片刮取痂皮，以微见出血为止。可用以下方法检出螨虫：将病料放在一张黑纸上，置于阳光下或稍加热，用放大镜可看到螨虫在黑纸上爬动。

**5. 防治措施**

（1）预防　建立无螨兔群，严禁从发病兔场引种。引种时必须检查并隔离观察1个月，经检查确认无螨虫后，方可进入兔舍。加强饲养管理，勤清粪便，勤换垫草，保持笼舍清洁、干燥、通风。夏季注意防潮。定期替换笼底板，用2％敌百虫溶液浸泡、晾干或洗净后用火焰喷灯消毒。定期用杀螨类药液消毒兔舍、场地和用具。消毒药可选择10％～20％生石灰水、三氯杀螨醇、0.05％敌百虫等杀螨剂交替使用。由于治疗螨虫的药物多数对螨虫卵无作用或作用弱，故需重复用药2～3次，每次间隔7～10天，以杀死新孵出的幼虫。定期检查兔群，发现病兔立即隔离、消毒、治疗。

（2）治疗　一旦发生，防治极为困难，故优先选择是直接淘汰病兔，对剩余兔严密监测，必要时全群注射伊维菌素。对于价值较高的种兔或者宠物兔，可以考虑药物治疗。每次治疗结合全场大消毒，特别要对兔笼周围及笼底板严格细致消毒，以减少重复感染。

个体：先剪去患部周围被毛，刮除痂皮，用1％～2％的敌百虫水溶液喷洒涂擦患部，一周1～2次，并用2％的洗必泰软膏涂患部，每日一次。

全群：目前治疗兔螨病最有效的药物有3种。伊维菌素，每千克体重0.4微克，内服或皮下注射，连用3次，每次间隔14天。塞拉菌素，每千克体重18毫克，涂抹患部，一次即可，或者30天后再用药一次。莫西克丁，其副作用小于伊维菌素，每千克体重0.5毫克。

## （三）兔豆状囊尾蚴病

豆状囊尾蚴病是豆状带绦虫的中绦期幼虫豆状囊尾蚴寄

生于兔的肝脏、肠系膜和大网膜等，引起肝脏损害、消化紊乱甚至死亡的一种绦虫蚴病。

**1. 病原** 豆状带绦虫的中绦期幼虫豆状囊尾蚴。

**2. 流行病学** 成虫豆状带绦虫寄生于犬、猫、狼、狐狸等肉食兽的小肠内。绦虫的孕卵节片成熟后随粪便排出，节片破裂而散出的虫卵污染兔的食物、饮水及环境。当长毛兔采食或饮水时，吞食虫卵，卵内六钩蚴孵出并钻入肠壁血管，随血流到达肝实质后，逐渐移行到肝表面，进入腹腔，最后到达大网膜、肠系膜及其他部位的浆膜发育为豆状囊尾蚴。豆状囊尾蚴虫体呈囊泡状，大小如豌豆，囊内含有透明液和一个头节。而犬吃了含豆状囊尾蚴的兔内脏后，即在肠道内发育为豆状带绦虫。随养兔业的发展和猫、犬等宠物的增多，家养宠物和兔之间的循环流行逐渐形成。

**3. 临床症状** 少量感染时一般无明显症状，表现为生长发育缓慢。大量感染时精神萎靡，食欲减退，嗜睡少动，消瘦，腹胀，可视黏膜苍白，贫血，消化不良或紊乱，粪球小而硬，有的出现黄疸，急性发作可突然死亡。慢性病例表现为消化紊乱，食欲不良，逐渐消瘦，最终死亡。

**4. 病理变化** 豆状囊尾蚴一般寄生在病兔肝包膜、胃浆膜、肠系膜、大网膜及直肠浆膜上，数量不等，状似豌豆大、黄豆大甚至花生米大的小水疱或石榴籽，大部分囊壁很薄并透明，少部分囊壁被结缔组织包围变厚，囊内充盈半透明液体，囊壁上有一小米粒大的乳白色结节。肝脏肿大，腹腔积液，肝表面和切面有六钩蚴在肝脏中移行所致的黑红、灰白色弯曲条纹状病灶，病程较长者转化为肝硬化。

**5. 诊断** 根据临床症状、病理变化（肝包膜、胃浆膜、肠系膜、大网膜及直肠浆膜上数量不等、状似小水疱或石榴籽）可做出初步诊断。确诊尚需实验室检查。

**6. 防治措施**

（1）预防　加强管理，防止饲用牧草等兔饲料、饮水被犬粪便污染。兔场禁止饲养犬、猫，或用吡喹酮对犬、猫定期驱虫。

（2）治疗　一旦发病，需将含有豆状囊尾蚴的死亡兔的内脏焚烧或深埋处理，以免被犬吞食，从而阻断该虫的生活史环节。可用药物治疗，吡喹酮，每千克体重30～35毫克，口服，1次/天，连用5天。或丙硫咪唑，每千克体重50毫克，口服，1次/天，连用3天为一疗程，间隔7天再次用药，共3个疗程。

## （四）栓尾线虫病

兔栓尾线虫病又称兔蛲虫病，是由兔栓尾线虫寄生于兔的盲肠和结肠而引起的一种消化道线虫病。

**1. 病原**　兔栓尾线虫，白线头样，成虫寄生于盲肠和结肠。

**2. 流行病学**　栓尾线虫不需中间宿主，成虫产卵在兔直肠内发育成感染性幼虫后排出体外，当兔吞食了含有感染性幼虫的卵后被感染，幼虫在兔胃内孵出，进入盲肠或结肠发育为成虫。

**3. 临床症状**　少量感染，一般不表现症状。严重感染时，患兔精神不振，食欲减退甚至废绝，全身消瘦，轻微腹泻，偶有便秘。当肛门有蛲虫活动或雌虫在肛门产卵时，患兔肛门疼痒，常将头弯回肛门部，似以口啃咬肛门解痒。大量感染后可在患兔的肛门外看到爬出的成虫，也可在粪便中发现乳白色似线头样的栓尾线虫。

**4. 病理变化**　通常情况下，即使大量的虫体寄生也不会产生明显的临床症状，病理变化较为轻微，仅见大肠内有栓尾线虫，肝、肾色淡。

**5. 诊断**　根据患兔常用嘴、舌啃舔肛门的症状可怀疑本病，在肛门、粪便或大肠中发现虫体即可确诊。

**6. 防治措施**

（1）预防　由于兔栓尾线虫发育史为直接型，不需中间宿主参与，故本病很难根除，往往出现重复感染。加强饲养管理，定期消毒，粪便堆积发酵；每年 2 次定期驱虫；坚持自繁自养的原则，如引进种兔，需隔离观察 1 个月以上，确认无病方可入群。

（2）治疗　可用丙硫咪唑，按每千克体重 20 毫克，口服，1 次/天，1 周后重复用药 1 次。或左旋咪唑，每千克体重 5～6 毫克，口服，1 次/天，连用 2 天。

# 五、其他疾病

## （一）兔真菌病

兔真菌病又称皮肤真菌病、脱毛癣，是由丝状真菌侵入皮肤角质层及其附属物所引起的一类常见的、传染性极强的人兽共患接触性皮肤病。

**1. 病原**　主要有须毛癣菌、小孢子菌等。本菌多数为需氧或兼性厌氧。本菌对外界环境因素抵抗力强，可存活 2 年以上，对一般抗生素和磺胺类药物不敏感，但对 10% 福尔马林敏感，水温 60℃10 分钟可被杀灭。

**2. 流行病学**　本病一年四季均可发生，以春季和秋季换毛季节易发。各年龄、品种的兔都可感染，无性别差异。

多发于 20 日龄左右的仔兔和断奶幼兔。成年兔常呈隐性感染，不表现症状。传播途径主要为直接接触，也可通过人员及被污染的用具间接接触传染。通风不良、阴暗潮湿的饲养环境往往容易发生本病。

**3. 临床症状** 发生部位多在头部，如幼兔口、耳朵、鼻部、眼周、面部、嘴以及颈部等，种兔多发在大腿内侧和乳房周围。患处被毛脱落形成环形或不规则的脱毛区，表面覆盖像头皮屑一样的鳞片。发病严重的兔场承粪板上每天都有一层脱落的鳞片。

**4. 病理变化** 兔体表真菌主要生存于皮肤角质层，一般不侵入真皮层。病变部位发炎，有痂皮，形成皮屑，脱毛。病变周围有粟粒状突起，当刮掉硬痂时，露出红色肉芽或出血。

**5. 诊断** 根据流行病学和临床症状等可对兔皮肤真菌病做出初步诊断。确诊则需真菌的培养、分离和鉴定，或采用免疫学技术检测抗原或抗体。应与疥螨病、营养性脱毛相区别。

**6. 防治措施**

（1）预防 禁止从有疫情的兔场引进长毛兔。严禁小商小贩随意进入兔场收购商品兔。加强饲养管理，搞好卫生，保证通风良好、密度适宜。发现病兔需进行扑杀或隔离至单独的兔舍进行治疗。兔舍、兔笼消毒是消灭本病的关键，对于笼子上和笼子内的兔毛应用火焰进行喷烧，然后清扫干净，能密闭的空兔舍可用福尔马林熏蒸。用克霉唑溶液对初生乳兔进行全身涂擦（1~2 次），可有效预防该病的发生。

（2）治疗 剪去患部的毛，用 3% 来苏儿与碘酊等量混合，每天于患处涂擦 2 次，连用 3~4 天。或将患部被毛剪

掉，刮下痂皮，用达克宁、克霉唑溶液涂擦患部，每天 1
次，连用 4 天。或注射伊维菌素，隔 1 周再注射 1 次，以防
复发。

### （二）密螺旋体病

兔密螺旋体病，又称兔梅毒病、性螺旋病、螺旋体病，
是由兔密螺旋体引起的一种慢性传染病。以外生殖器官、颜
面、肛门等皮肤及黏膜发生炎症、结节和溃疡，患部淋巴结
发炎为特征。

**1. 病原**　　兔密螺旋体，呈纤细的螺旋状构造。

**2. 流行病学**　　易感动物是家兔和野兔，其他动物和人
不感染。传染源主要是病兔，其次是淋巴结感染的带菌兔。
传染途径主要是通过交配经生殖道传染，也可通过病兔用过
的笼舍、垫草、饲料、用具等由损伤的皮肤传染。本病在兔
群中一旦发生，发病率很高，绝大多数发生于成年兔，8 月
龄以下未交配的幼兔极少发病。育龄母兔的发病率比公兔
高。一般呈良性经过，几乎没有死亡的。

**3. 症状及病变**　　该病是一种慢性生殖器官传染病，潜
伏期 2～10 周不等。病初可见外生殖器官和肛门四周红肿，
阴茎水肿，龟头肿大，阴门水肿，继而形成粟粒大小的结
节，结节破溃后有微细的小水疱和浆液性渗出，渗出物逐渐
干涸，形成红紫色或棕色屑状痂皮。剥去痂皮，露出边缘不
整、稍凹陷、易于出血的溃疡面，其周围常伴有轻重不一的
水肿。患兔失去交配欲，受胎率低，发生流产、死胎。病程
长达数月，多可自愈，康复兔无免疫力，可复发或再度
感染。

**4. 诊断**　　根据流行病学和临诊症状可以做出初步诊断。

确诊则应采取病变部的汁液或溃疡面的渗出液用暗视野显微镜检查，或做涂片用姬姆萨染色镜检密螺旋体。

**5. 防治措施**

（1）预防　兔场引兔时应做好生殖器官检查，新引进的兔必须隔离观察 1 个月，确定无病时方可入群。种兔交配前也要认真进行健康检查，健康者方可配种。对病兔立即进行隔离治疗，病重者淘汰。彻底清除污物，用 $1\%\sim2\%$ 火碱或 $2\%\sim3\%$ 的来苏儿消毒兔笼和用具。

（2）治疗　可用青霉素，每千克体重 20 万单位，肌内注射，2 次/天，连用 5 天。或患部用 $2\%$ 硼酸水或 $0.1\%$ 高锰酸钾液冲洗之后，再涂上青霉素药膏或 $3\%$ 碘甘油，每天 1 次，20 天可痊愈。

## （三）附红细胞体病

兔附红细胞体病是由附红细胞体寄生于兔红细胞表面而引起的一种传染病，以发热、贫血、黄疸、消瘦和脾脏、胆囊肿大为主要特征。

**1. 病原**　兔附红细胞体。

**2. 流行病学**　本病一年四季均可发生，但以夏秋季节多见。主要通过吸血昆虫如扁虱、刺蝇、蚊、蜱等以及小型啮齿动物传播。也可经直接接触传播，或经子宫感染垂直传播。

**3. 症状与病变**　病兔精神不振，食欲减退，体温升高，结膜淡黄，贫血，消瘦，全身无力，不愿行走。呼吸加快，心力衰弱，尿黄，粪便时干时稀。个别病兔出现神经症状。

病死兔血液稀薄，呈暗红色。可视黏膜苍白，腹腔积液，脾脏肿大，胸膜、脂肪和肝脏黄染。

**4. 诊断** 根据临床症状（高热、贫血、黄疸）、病理变化可做出初步诊断。确诊需进行实验室诊断，显微镜下检查附红细胞体存在与否。

**5. 防治措施**

（1）预防　加强饲养管理，搞好环境卫生，定期消毒，夏秋季必须搞好灭蚊灭蝇工作。坚持自繁自养，在引进外地兔种时要严格检疫，并隔离观察至少1个月。可用四环素类药物拌料预防。

（2）治疗　一旦发生立即隔离，全面彻底消毒。可用血虫净，每千克体重8毫克，用注射用水配成5％的溶液肌内注射，1次/天，连用3天。或四环素，每千克体重40毫克，肌内注射，2次/天，连用7天。或土霉素，每千克体重40毫克，肌内注射，2次/天，连用7天。同时饮水中添加电解多维。

## （四）兔便秘

便秘是指家兔排粪次数和排粪量减少，排出的粪便干、硬、小，严重时可造成肠阻塞，是家兔常见消化系统疾病之一。

**1. 病因** 胃肠蠕动迟缓，粪便在大肠内停留时间过长，水分被吸收，粪便干硬阻塞肠道而发病。引起家兔便秘，除热性病、胃肠迟缓等全身性疾病因素外，饲养管理不当是主要原因，如精、粗饲料搭配不当，精料过多、粗纤维含量过低；青饲料过少或长期饲喂干饲料，加之饮水不足又不及时；饲料中混有泥沙、被毛等异物致使粪块变大；环境突然改变，运动不足，打乱正常排便习惯等因素。

**2. 症状与病变** 病兔初期精神沉郁，食欲减退，排出少量细小而坚硬的小粪球，有的呈两头尖形状，以后停止排便。腹痛腹胀，患兔起卧不安，常回顾腹部和肛门，频频弯腰、努责做排便姿势，但无粪排出。触诊腹部感到肠管粗硬，结肠与直肠可摸到坚硬的串珠状粪粒。粪便长期滞留可导致自体中毒。剖检发现结肠和直肠内充满干硬成球的粪便，前部肠管积气。

**3. 诊断**　根据粪便少、小、硬等可做出诊断。

**4. 防治措施**

（1）预防　加强饲养管理，合理搭配青、粗饲料和精饲料，饲喂定时定量，供给充足清洁饮水，保证充足运动。

（2）治疗　对病兔及时去除病因，立即停喂饲料，供给清洁饮水，适当增加运动，用手按摩兔的腹部，同时用药促进胃肠蠕动，增加肠腺分泌，以软化粪便。常用药物有：人工盐，成年兔 5～6 克，加 20 毫升温水 1 次灌服，幼兔减半；植物油，成年兔 15～20 毫升，加等量温水灌服，幼兔减半；液状石蜡，成年兔 15 毫升，加等量温水灌服，幼兔减半；温肥皂水灌肠，方法是用粗细适中的橡皮管或软塑料管，事先涂上液状石蜡或植物油，缓慢插入肛门内 5～8 厘米，灌入 40～45℃的温肥皂水 30～40 毫升，以软化粪球，促进排出。

## （五）兔感冒

感冒，又称伤风，是由寒冷刺激引起的，以发热和上呼吸道黏膜表层炎症为主的一种全身性疾病。以体温升高、流鼻涕、呼吸困难为特征。

**1. 病因**　多因气候突变，温差过大，兔舍阴冷、潮湿、有贼风，遭受雨淋或剪毛后受寒等原因引起。

**2. 症状及病变** 主要症状是体温升高，轻度咳嗽，打喷嚏，流清水鼻涕，呼吸困难，结膜潮红，皮温不整，四肢末端及耳鼻发凉等。病兔精神沉郁，食欲减退，喜卧少动。

**3. 诊断** 根据有受寒和天气突变的病史，突然发病而发热流涕等症状可以做出初步诊断，在排除了肺炎及传染性疾病后，可以确定为本病。

**4. 防治措施**

（1）预防 在气候寒冷和气温骤变时，要注意关闭门窗加强防寒保暖，保持兔舍温度平衡、干爽、清洁、通风良好。

（2）治疗 原则是解热镇痛，防止继发感染。可用复方氨基比林注射液2毫升，青霉素按20万～40万单位，混合肌内注射，2次/天，连注3～5天；或柴胡注射液1毫升，庆大霉素注射液1～2毫升，肌内注射，2次/天，连用3～5天。

## （六）兔结膜炎

兔结膜炎是指眼睑结膜、眼球结膜的炎症，是眼病中最多发的疾病。规模化兔场较为多见。

**1. 病因**

（1）机械性因素 如沙尘、谷皮、草屑、草籽、被毛等异物进入眼内；眼睑外伤，寄生虫感染等。

（2）理化因素 如兔舍内空气污浊，氨气、硫化氢等有害气体的刺激；化学消毒剂及分解产物刺激，强光直射，紫外线刺激，以及高温刺激等。

（3）细菌感染、维生素缺乏 如巴氏杆菌感染或日粮中维生素A缺乏等。

**2. 症状及病变**

（1）黏液性结膜炎　病初结膜轻度潮红、眼睑肿胀，分泌物为浆液性且量少，随着病情的发展，则流出大量黏液性分泌物，眼睑闭合，下眼睑及两颊皮肤由于泪水及分泌物的长期刺激而发炎，被毛脱落，眼多有痒感。如不及时治疗，常发展为化脓性结膜炎。

（2）化脓性结膜炎　一般为细菌感染所致。眼睑结膜严重充血和肿胀，疼痛剧烈，从眼内流出或在结膜囊内蓄积大量黄白色脓性分泌物，上下眼睑充血、肿胀，常粘在一起无法睁开。如炎症侵害角膜，则引起角膜混浊、溃疡甚至穿孔，导致家兔失明。

**3. 诊断**　根据眼的症状和病变可做出诊断。

**4. 防治措施**

（1）预防　保持兔舍兔笼清洁卫生，防止沙尘、污物、异物等落入眼内或防止发生眼部外伤，及时清除粪尿，保持空气良好，防止有害气体刺激兔眼。避免强光直射，供给富含维生素A的饲料，使用巴氏杆菌疫苗免疫。

（2）治疗　首先消除病因，用2%～3%硼酸液、生理盐水、0.01%新洁尔灭液等无刺激的防腐、消毒、收敛药清洗患眼，也可用棉球蘸药来回轻轻涂擦，以免损伤结膜及角膜。其次消炎、镇痛，可用抗菌消炎药滴眼或涂敷，如1%甲砜霉素眼药水、眼膏，0.6%黄连素眼药水，0.5%金霉素眼膏，0.5%醋酸氢化可的松眼药水等。分泌物过多时，选用0.25%硫酸锌眼药水。疼痛剧烈的病兔，可用1%～3%普鲁卡因溶液滴眼。对角膜混浊的病兔，可涂敷1%黄氧化汞软膏。重症者同时选用抗菌药全身治疗。

注意传染性结膜炎和非传染性结膜炎的鉴别。传染性结膜炎应同时对原发病进行治疗。

## （七）中暑

中暑又称"日射病"或"热射病"，家兔长时间处于高温环境中或烈日暴晒所致的中枢神经系统紊乱的一种疾病。长毛兔尤其是孕兔易发。

**1. 病因** 病兔一般有过热或暴晒史。

天气闷热，气温持续升高，兔舍潮湿、通风不良，饲养密度过大；露天或半封闭式笼内饲养的家兔，遮光设备不完善，兔体长时间受烈日暴晒，又缺乏饮水；炎热夏季长途运输时，车船等装载过于拥挤，通风不良，中途又缺乏饮水等均易发生中暑。

**2. 症状及病变** 病兔精神沉郁、无食欲，体温升高，用手触摸全身有灼热感。呼吸、心跳加快，眼结膜充血、潮红。重病兔呼吸困难，耳静脉瘀血，黏膜发绀，口、鼻中流出带血的黏液；病兔全身乏力、伸腿俯卧或侧卧于笼底，头前伸下颌着地，四肢间歇性震颤或抽搐，直至死亡。有时突然虚脱，昏倒痉挛而亡。

剖检可见胸腺出血，肺瘀血水肿，心脏充血、出血，腹腔内有纤维素渗出，肠系膜血管瘀血，肠壁、脑部血管充血。触摸内脏器官有灼热感。

**3. 诊断** 根据典型临床症状与病变，结合长时间处于高温环境的病史可做出诊断。

**4. 防治措施**

（1）预防 当气温超过 35℃时，打开通风设备，冷水喷雾，适当降低饲养密度，供给充足饮水，以增大通风量、保持空气新鲜、降低舍温。夏天长途运输应夜间行车，装运密度宜低。高温季节到来前长毛兔应及时剪毛。

（2）治疗　应立即将患兔置于阴凉、通风处，在头部、体躯上敷以冷水毛巾或冰块降温，每隔数分钟更换一次，加速体热散发。可将风油精滴喂1～2滴或涂擦于患兔鼻端，施以耳静脉放血，以减轻脑部和肺部充血。对有抽搐症状的病兔，用2.5％盐酸氯丙嗪注射液0.5～1毫升，肌内注射。

### （八）兔食毛癖

患兔因营养紊乱而发生的以大量吞食自身或其他兔被毛为特征的营养缺乏症称为食毛癖，又称食毛症。1～3月龄幼兔多发。

**1. 病因**　长毛兔饲料营养不均衡，如粗纤维含量不足，缺少某些体内不能合成的含硫氨基酸（蛋氨酸、胱氨酸、半胱氨酸等）以及钙、磷、微量元素和维生素时易发生食毛癖；管理不当，如饲养密度大、兔群拥挤而吞食其他兔的被毛，未能及时清除水盆、料盆、垫草中的兔毛，被长毛兔误食；忽冷忽热的环境气候条件也是本病的诱因，秋末冬初及早春季节多发。

**2. 症状及病变**　一般除头部、颈部等难以吃到的部位外其他部位的毛均可被吃光。患兔消瘦、精神沉郁、好饮水、便秘、粪球中含较多兔毛，甚至由兔毛将粪球相连成串状。腹部触诊，在胃或肠道中摸到毛球，大小不等，较硬，可轻轻捏扁。随着病程发展，患兔常因消化道阻塞而死。

剖检可见胃内容物混有毛或形成毛球，有时因毛球阻塞胃而导致肠道空虚，或毛球阻塞肠道而使阻塞部前段膨气。可根据剖检特征进行诊断。本病多发于长毛兔。

**3. 诊断**　有明显的食毛症状；皮肤有少毛或无毛现象；

有腹痛、膨气症状。

**4. 防治措施**

（1）预防　加强饲养管理，适当调整兔群密度，及时清理料盆、水盆、垫草中的兔毛，兔毛可用火焰喷灯焚烧；供给兔营养均衡的全价日粮。

（2）治疗　一旦发现食毛兔立即将患兔拿出，以免互相啃食被毛。在患兔饲料中加入 0.1％～0.2％蛋氨酸或胱氨酸，患兔一般 1 周即停止食毛。

胃内发现有毛球的，使用植物油或液体石蜡 20～30 毫升灌服；毛球较大的用药物不能解除的要实施手术去除毛球，同时肌内注射青霉素 10 万单位，2 次/天，连用 7 天。7 天后用益生素调理胃肠道。毛球较大时，愈后不良。

## （九）妊娠毒血症

母兔妊娠毒血症是母兔在妊娠末期营养失衡所致的一种代谢障碍性疾病。代谢产物的毒性作用，致使母兔出现意识和运动机能紊乱等神经症状。主要发生于孕兔产前 4～5 天或产后及假妊娠母兔。

**1. 病因**　饲料营养缺乏是主因，如兔群缺乏碳水化合物、青绿饲料、维生素、蛋白质等。体内代谢产物丙酮、β-羟丁酸等氧化不全在体内蓄积，对机体产生损害作用，以肾脏最明显。

**2. 症状及病变**　初期不吃精饲料，只吃草、菜，喝少量水，精神极度不安，常在笼内无意识漫游，甚至用头顶撞笼壁。安静时缩成一团，精神沉郁，拒食，粪便干、小、量少，个别排稀便，尿量减少；呼吸困难并带有酮味（即烂苹果味）；全身肌肉间歇性震颤，前后肢向两侧伸展，有时呈强直性痉挛，重者运动失调，出现惊厥、昏迷，最后死亡。有的患兔临产前 2～3 天流产，出现惊厥和昏迷。

剖检可发现乳腺分泌机能旺盛，卵巢黄体增大，肠系膜脂肪有坏死区，肝脏表面常出现黄色和红色区。心、肾颜色苍白。

**3. 诊断** 根据流行病学（只发生于孕兔和泌乳母兔）、临床症状和病理变化可做出初步诊断。确诊需实验室检查，血液中非蛋白氮升高，血钙减少，磷酸增多，血糖降低和蛋白尿。

**4. 防治措施**

（1）预防 本病以预防为主。加强饲养管理，保持良好通风，定期对兔舍、兔笼彻底消毒。合理搭配饲料，妊娠初期适当控制营养，防止过肥。妊娠末期饲喂富含维生素、碳水化合物的全价饲料，切忌喂给霉变饲料，避免突然改变饲料。在缺乏青绿饲料的季节，注意添加维生素 E、维生素 C、复合维生素 B 和葡萄糖，可防酮血症的发生和发展。

（2）治疗 一旦发病，早发现、早治疗。治疗原则是保肝解毒，维护心、肾功能，升糖降脂。可用 15% 或 25% 葡萄糖溶液，15～20 毫升/次，加维生素 C 注射液 1～2 毫升，静脉注射，1 次/天，连注 3 天。或丙二醇，4.0 毫升/次，2 次/天，连用 3～5 天。或维生素 C 片和复合维生素 B 片，各 2 片/次，加 25% 葡萄糖溶液 10 毫升，口服，上、下午各 1 次/天，连服 3 天；或复合维生素 B 1～2 毫升/天，肌内注射，1 次/天，有辅助治疗作用。

# 第七章
# 兔毛特性及加工

## 一、兔毛及其特性

兔毛是兔体皮肤角质化的衍生物，属于天然蛋白质纤维，是毛纺织品中优良原料之一。兔毛具有长、松、白、净的优点，其制品轻、软、暖、美观，深受国内外消费者欢迎。

毛用兔的兔毛用于毛纺织品。肉用兔、皮用兔以及皮肉兼用兔的粗毛与绒毛，除用作裘皮制品外，还可制成皮革。制革所剪下来的兔毛，是粗纺（制造毛呢、毛毡等）的原料，既适用于工业，又可民用。

### （一）兔毛纤维的形成

兔毛是由皮肤表皮的生发层（又名生长层）细胞分化而成的。先形成毛囊原始体，毛囊原始体发育成为毛囊。毛囊有初级毛囊和次级毛囊两种。初级毛囊产生直而粗硬的兔毛，次级毛囊产生细而柔软的绒毛。最初在皮肤的生发层出现一个刺激点或称原始体，血液向原始体流动加剧，使生发层的原始体有了丰富的营养而进行分裂增殖，形成一个结节。结节的细胞继续大量增殖，形成一个瘤状物，瘤状物伸至皮下结缔组织，形成一个管状物，在管状物中充满生长细胞，管状物下端的瘤状物变成毛球，毛球底部凹槽里形成毛乳头，毛乳头的细胞不断分裂，形成毛纤维，毛纤维逐渐向上挤出，穿过皮肤表皮出现在皮肤表面。管状物的生长细胞，靠近毛纤维的部分形成内鞘。内鞘和毛纤维是同时形成的。内鞘和外鞘形成了毛囊。开始形成毛纤维的细胞是圆的，以后纤维外层的细胞很快变得非常扁平，形成鳞片层；里面的细胞变成长形，如纺绣状，为皮质层。在这个变化的过程中，把软的细胞压缩到纤维管中，接近纤维管的 1/3 处，经过一个化学过程即角质化，细胞变得十分坚硬，毛纤维就此形成（图 7-1）。

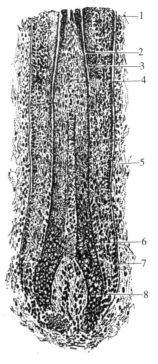

图 7-1　毛根纵断面
1. 表皮　2. 鳞片层　3. 皮质层
4. 髓质层　5. 结缔组织鞘
6. 上皮内鞘　7. 上皮外鞘
8. 毛乳头（真皮）

## （二）兔毛纤维的构造与类型

**1. 兔毛纤维的结构**　兔毛的形态学构造可分为毛干、毛根、毛球 3 部分。毛干：兔毛纤维露出皮肤表面的部分。毛根：兔毛纤维在皮肤内的部分，一端与毛干相连，另一端与毛球相接。毛球：位于毛根下部，毛球围绕着毛乳头，并与之紧密相连，外形膨大呈球状，故称之为毛球。毛球依靠从毛乳头中吸收的养分，使其中的细胞不断增殖，进而使毛纤维不断生长。

兔毛的组织学构造可分为鳞片层、皮质层、髓质层。鳞片层位于兔毛纤维的最外层，由扁平的角质化细胞组成，细胞的排列彼此重叠好似鱼鳞，并以其游离端朝向毛根的尖端，使水分不致渗入毛的深处。鳞片的作用是保护兔毛纤维免受化学、物理因素的影响，如果鳞片层受破坏，则毛纤维的强度、深度、弹性等工艺性能将受到严重影响。兔毛鳞片层之间覆盖面积大，边缘的翘角小，因此兔毛纤维比羊毛表面光滑，摩擦系数小，光泽好，但易掉毛。虽然其翘角小，但鳞片之间的间距小，排列紧密，所以与羊毛一样易于毡缩。

皮质层位于鳞片层之下，由扁平的纺锤形细胞组成，构成兔毛纤维的主体。兔毛纤维的物理性质如强度、伸度、弹性等，在很大程度上取决于皮质层的完整性所占比例。此外，具有天然色泽的兔毛，其色素主要沉积在皮质层细胞中。兔毛染色时，染色剂也都被吸收在皮质层细胞中，并与纺锤形细胞中的色素颗粒起作用。兔毛虽然也有类似羊毛的正、偏皮质层细胞，但其分布不像羊毛那样较均匀地各居一边，而是呈不规则的混杂状态，这种结构使兔毛呈螺旋卷曲状，卷曲少、波峰小，因而抱合力差，并且其强力、弹性等物理机械性能都较羊毛低，这种性能是造成兔毛纺纱困难、极易掉毛的主要原因之一。

髓质层是兔毛的中心部分，由一种细胞膜和原生质已硬化了的多角形细胞构成。髓质层是疏松的多孔组织，其横切面有椭圆形、菜豆形、多边形等。髓质层多孔组织的细胞中充满空气，空气是热的不良导体，能减低兔毛的导热性，冬季能减少体温的散发，夏季能防止受热。髓腔多，这使兔毛有质轻、吸湿性好、保暖性佳的特点，但其强力较差。兔毛中绒毛和粗毛均有髓，髓质层比较大的兔毛品质较差，特别是强度、伸度、弹性、卷曲度、柔软性及染色力均差。一般有色毛的髓细胞具有色素颗粒（图 7-2）。

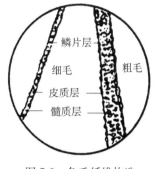

图 7-2　兔毛纤维构造

**2. 兔毛纤维的类型**　兔毛纤维类型系指单根纤维而言。

（1）按形态而分　兔毛分为枪毛（或称针毛）、绒毛和触毛 3 种类型。

枪毛：长而稀少，直而光滑，粗硬质脆，一般分为定向毛和非定向毛。定向毛比较长，有弹力，其毛尖为椭圆形。它们起着定向作用。非定向毛比定向毛短，但是比定向毛密实，毛尖一般为矛头形，便于保护下面的绒毛。

绒毛：细短而密，比较柔软，呈波浪形弯曲，其毛尖呈圆筒形，覆于皮肤上形成一不流通的空气层，起着保暖作用。绒毛干呈非正圆形或不规则四边形。兔毛质量的好坏，在很大程度上是由绒毛数量多少和品质好坏决定的。较长且细的兔毛用在毛纺工业上，可以生产高级纺织品。

触毛：长而粗，有弹性，毛尖为圆锥形，长在长毛兔的嘴边，有触觉作用。

（2）按毛纤维细度分　兔毛有粗毛型和细毛型两种，即

30 微米以下的绒毛和 30 微米以上的粗毛两个类型。还有属于粗毛类型的两型毛。

粗毛型：指比较长的针状粗毛，一般称为枪毛或针毛，是兔毛纤维中最长最粗的一种。毛长度为 17.4 厘米左右，细度为 30～120 微米。这种毛纤维具有鳞片层、皮质层和髓质层。髓腔很发达，从毛根部到头梢都贯穿着毛髓，有 2～8 排髓细胞，髓细胞间排列比较紧密，在毛纤维中从根部到头梢排列的层数是由少到多然后又减少。一般在毛的根部多为 1～2 层，中段毛纤维的髓细胞排列层次有的多达 12～15 层，故粗毛一般呈现两头细中间粗。毛表面有鳞片层，鳞片的排列不呈环状，似瓦片状，鳞片数量少，排列比较松。粗毛有保护绒毛和隔离绒毛毡结的作用，是细毛丛中的骨干。但粗毛纤维粗，不能纺成高级毛纺织品，因此在毛纺工业中价值不如细毛高。

细毛型：指兔毛纤维中一种柔软的绒毛，比粗毛细而短。其细度为 7～30 微米，平均细度 12～14 微米，长度 5～12 厘米，并有很多明显卷曲，但卷曲不整齐，大小不一。这种毛纤维，除了具有鳞片层、皮质层外，最大特点是还有髓质层。髓腔由单层髓细胞组成，但在毛根部及其梢部均无髓，髓细胞在髓腔中的排列，有呈断续状的，也有连续的。毛表面的鳞片层小而紧，数量较多，呈环状排列，鳞片尖端有部分游离在外，故有很高的毡合力。细毛具有很好的理化特性，在毛纺工业中，纺织价值很高。

两型毛：属于粗毛类型。长度比粗毛短些，在单根纤维上有两种纤维类型，在毛的上半段，纤维平直，无卷曲，髓腔发达，有粗毛特征；在毛的下端则较窄，有不规则的卷曲，只有单层髓细胞，有细胞特征，而且在毛纤维上具有粗毛特征部分短，具有细毛特征部分长，粗细之间直径相差较大。粗细之间的交接处易断裂（图7-3）。

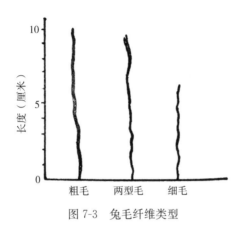

图7-3 兔毛纤维类型

### （三）兔毛纤维的物理特性

安哥拉兔毛纤维被赞为世上最细的"华贵"纤维。安哥拉兔毛纤维密度很小，仅约1.15克/厘米$^3$，而羊毛的密度为1.33克/厘米$^3$，由于纤维密度小，各种兔毛纺织品轻便、蓬松、美观。兔毛纤维的各种物理性状是评定兔毛品质和鉴定毛用兔质量的重要依据。

长度：兔毛的长度一般以细毛的主体长度为准，不计算粗毛的长度。兔毛长度可分为自然长度和伸直长度两种。自然长度是指兔毛在自然状态下的长度；伸直长度是指将单根毛纤维的自然弯曲拉直（但未延伸）时的长度。当鉴定长毛兔和收购兔毛时，一般都采用自然长度；而在纺织工业和实验室常采用伸直长度。

兔毛长度随品系、兔毛类型、采毛间隔时间、采毛方法而不同。其中粗毛生长速度最快，两型毛次之，细毛生长较慢。经测定，养毛期为 73 天的法系安哥拉兔，细毛伸直长度为 5.83～5.98 厘米，粗毛为 9.34～9.41 厘米。兔毛长度与产毛量、成纱质量有一定关系，在兔毛分级上，其长度是主要依据之一。兔毛越长，产毛量越高，其纺纱性能就越好。

细度：兔毛细度指单根纤维横切面的直径，一般以微米为单位。用直径来表示细度，是以假定纤维的横切面形状呈圆形为基础，但实际情况并非如此。在实际工作中为了简便起见，通常以测定纤维的宽度来表示细度。据测定，法系、日系、中系、德系安哥拉兔毛纤维的细度，绒毛分别为 14.66、13.52、10.31、12.07 微米，粗毛分别为 45.13、42.49、38.18、42.7 微米。近几年，国内安哥拉兔绒毛纤维细度有逐渐变粗的趋势。兔毛的细度决定毛纺工艺价值和可纺支数（支纱）。支纱就是指 1 克净毛所能纺成 1 米长的毛纱的段数。如能纺 100 段 1 米长的毛纱，则称 100 支纱。在重量相同条件下，兔毛越细，其纺织价值越高，织品数量越多，质量越好。

在商品收购中，衡量兔毛的粗细，一般是由一批兔毛中粗毛和细毛的含量来决定的。国产兔毛的粗毛含量大多数为 10%～20%，一般良种安哥拉兔粗毛含量占 4%～8%，德系长毛兔粗毛含量占 7.54%。目前，兔毛收购分级标准中规定，凡兔毛中粗毛含量超过 10% 者，不得列入特级毛和一级毛。因此，为获得纺织价值高的兔毛，在采毛时，最好先将粗毛除去，然后再采集剩下的毛。

卷曲度：指单位长度内弯曲的数量和大小。一般兔毛越细，弯曲越小。据测定，细毛每厘米长度内弯曲数 3～5 个，最多可达 7~8 个。正常纤维根部弯曲数较多，尖部少。按形状可将弯曲分为正常弯曲、浅弯曲和平弯曲 3 种。细毛的弯曲数多，且多为正常弯曲，所生产的织品平滑光洁。粗毛多是浅弯曲和平弯曲，适于作粗纺原料。

强度：兔毛的强度是用强力仪将单根纤维拉长至断裂时所需要的力来表示。强度有两种表示方法，即绝对强度和相对强度。前者是指将单根纤维或一束纤维拉断所需用的力量，直接用克或千克表示；后者指将兔毛拉断时，在单位横切面积上所需用的力量，用 1 厘米² 面积上所用的千克数表示。中国长毛兔毛纤维的强度，细毛为 3.8 克，粗毛为 21.28 克，两型毛为 10.69 克，其他毛用兔的细毛为 2.8 克，粗毛为 8.9 克；皮肉兼用兔的细毛为 1.8 克，粗毛为 1.5 克；野兔绒毛为 1.9 克，粗毛为 1.2 克。强度是评定兔毛机械性能的重要指标，与兔毛的工艺性能有密切关系，直接影响织面的牢固度。兔毛自身强度很低，断裂力不高，其制品的耐磨性也较差。

伸度：即断裂伸长率。伸度是指将已经伸长的兔毛纤维，再拉伸到断裂时所增加的长度，这种增加长度占原来伸直长度的百分比。中国长毛兔的毛纤维断裂伸长率，细毛为 38.20%，粗毛为 39.6%，两型毛为 37.76%。安哥拉兔毛的平均断裂伸长率为 23.7%，高于棉花（8%~72%）和麻纤维（3%~5%），低于羊毛（30%~50%）。兔毛的伸度与强度一样，决定毛纺品的坚固性与耐用性，伸度越大越好。兔毛织品的牢固性比羊毛织品差。

弹性：对兔毛施加压力或伸延时变形，当除去外力时仍可恢复其原来的形状和大小的性能叫弹性。恢复原来形状和大小的速度称为回弹力。弹性是评定兔毛纤维品质的重要指标，它与织物的耐磨性和牢固性密切相关。兔毛因具有弹性，而使得兔毛织品能经久保持原有的形状，不易皱褶。

毡合性：兔毛在一定的温度和湿度条件下受到压力摩擦以后，所具有的不可逆的相互纠缠的特性，称为毡合性。兔毛越细，其毡合性越强。在饲养管理、采集收购、运输加工过程中要尽量防止缠结成块，在洗涤、纺纱时，切忌洗液过浓，温度过高和用力揉搓。

吸湿性：在自然状态下，兔毛吸收和保持空气中水分的能力用含水率和回潮率表示。前者是以兔毛所含水分占毛样大气干燥重量的百分数表示，后者是以兔毛所含水分占毛样绝对干燥重量的百分数表示。兔毛的吸湿性很强，其回潮率为15％～16％。当回潮率增大时容易毡结成块。因此兔毛要放在干燥的地方保存，防止受潮变质。

密度：兔毛的密度是指在单位皮肤面积内所含有的兔毛纤维根数。平均在每平方厘米面积的皮肤上，安哥拉兔为5 500根，青紫蓝兔为6 000 根。密度越大，所含毛纤维量越多。兔毛的密度，也因体躯部位不同而有差异，中国长毛兔肩部毛较密，由背线向腹部和四肢的方向逐渐减少。测量兔毛密度时，以秋季换毛后进行为宜。

含油率和比电阻：兔毛纤维含油率低，一般为0.8％～1.5％，平均1.18％。但其电阻是特种动物纤维中最大的。据报道用 LEY-413 型静电仪，在20℃、相对湿度65％条件下，测得兔毛静电压低于羊毛，衰减速度比羊毛快 4 倍左右。兔毛纤维在生产过程中静电现象严重，飞毛及落毛较多。

颜色：一般长毛兔的兔毛颜色是纯白色的，国外的长毛兔也有呈黑色或杂色的。我国兔毛收购标准中规定，兔毛的颜色应是纯白色，凡是饲养管理和卫生不佳引起兔毛呈尿黄或污灰色者均属等外毛，价值较纯白色毛低。兔毛白度越好，等级越高。一级兔毛白度为 58.23，二级兔毛为 54.63，三级兔毛为 52.51。

光泽：兔毛的光泽是指洗净的兔毛对光线的反射能力。绒毛因其鳞片排列重叠，反光性较差，故光泽柔和，而粗毛的鳞片平整，反射性好，故光泽较强。兔毛光泽度在特种动物中最好，可染成浅色及鲜艳色彩。

### （四）兔毛的化学特性

兔毛的化学成分：兔毛是一种高分子化合物，由碳、氢、氧、氮、硫 5 种元素组成，其中含硫量略高于羊毛。兔毛含硫量为 4.02%～5.2%，羊毛为 3%～4%。由于兔毛与羊毛的细微结构基本相似，故氨基酸成分也与羊毛接近。

抗酸能力：低温下弱酸和低浓度的强酸对兔毛纤维无显著影响，而高温、高浓度的强酸对兔毛有破坏作用。在加工兔毛过程中，可利用其抗酸能力强的特性，清除原料中的植物杂质，也可用酸性染料对白色兔毛进行染色。

抗碱能力：一般来说，碱对兔毛有较大的破坏作用。兔毛在 3% 的氢氧化钠溶液中煮沸，即可完全溶解。碱对兔毛的破坏，从化学结构上来讲，除了破坏肽键外，还对胱氨酸进行分解，产生不稳的亚硫酸，继续分解产生硫化氢而溶于溶液中，从而导致毛囊含硫量降低。被破坏后的兔毛纤维颜色发黄，强度下降，发脆、发硬，光泽暗淡，手感粗糙，抵抗其他药物或机械作用能力减退。因此，兔毛等制品不能用碱性洗涤剂进行清洗。

温度与氧化作用：兔毛长期在高温条件下会失去水分，纤维变得粗糙，同时分解产生氨和硫化氢，变成黄色，质地变脆。光照对兔毛能产生氧化作用，若长期受阳光照射，则变成黄褐色，毛纤维变粗，发脆，品质变质。

### （五）兔毛纤维的质量标准

如何正确鉴定安哥拉兔毛品质及划分等级，是兔毛流通环节中的关键问题。国家收购兔毛是按长度和质量分级定价的，分级标准是依据纺织工业对原料毛的要求，结合现有兔毛品质生产状况制订的，它既符合使用上的要求，又体现饲养者的利益。中华人民共和国国家标准（GB/T 13832—2009）对安哥拉兔兔毛的等级标准特做如下规定：按安哥拉兔兔毛的粗毛率，将兔毛分为Ⅰ类兔毛和Ⅱ类兔毛。其中，Ⅰ类兔毛的粗毛率小于等于10%；Ⅱ类兔毛的粗毛率大于10%。

Ⅰ类和Ⅱ类安哥拉兔毛分级技术要求见表7-1和表7-2。

表7-1　Ⅰ类安哥拉兔兔毛分级技术要求

| 级别 | 平均长度（毫米）≥ | 平均直径（微米）≤ | 粗毛率（%）≤ | 松毛率（%）≥ | 短毛率（%）≤ | 外观特征 |
|---|---|---|---|---|---|---|
| 优级 | 55.0 | 14.0 | 8.0 | 100.0 | 5.0 | 颜色自然洁白，有光泽，毛形清晰，蓬松 |
| 一级 | 45.0 | 15.0 | 10.0 | 100.0 | 10.0 | 颜色自然洁白，有光泽，毛形清晰，较蓬松 |
| 二级 | 35.0 | 16.0 | 10.0 | 99.0 | 15.0 | 颜色自然洁白，光泽稍暗，毛形较清晰 |

| 级别 | 平均长度<br>（毫米）<br>≥ | 平均直径<br>（微米）<br>≤ | 粗毛率<br>（%）<br>≤ | 松毛率<br>（%）<br>≥ | 短毛率<br>（%）<br>≤ | 外观特征 |
|---|---|---|---|---|---|---|
| 三级 | 25.0 | 17.0 | 10.0 | 98.0 | 20.0 | 自然白色，光泽稍暗，毛形较乱 |

表 7-2　Ⅱ类安哥拉兔毛分级技术要求

| 级别 | 平均长度<br>（毫米）<br>≥ | 粗毛率<br>（%）<br>≤ | 松毛率<br>（%）<br>≥ | 短毛率<br>（%）<br>≤ | 外观特征 |
|---|---|---|---|---|---|
| 优级 | 60.0 | 15.0 | 100.0 | 5.0 | 颜色自然洁白，有光泽，毛形清晰，蓬松 |
| 一级 | 50.0 | 12.0 | 100.0 | 10.0 | 颜色自然洁白，有光泽，毛形清晰，较蓬松 |
| 二级 | 40.0 | 10.1 | 99.5 | 15.0 | 颜色自然洁白，光泽稍暗，毛形较清晰 |
| 三级 | 30.0 | 10.1 | 99.0 | 20.0 | 自然白色，光泽稍暗，毛形较乱 |

　　Ⅰ类兔毛以平均长度、平均直径和外观特征作为主要考核指标，Ⅱ类兔毛以平均长度和外观特征作为主要考核指标，两类均以主要考核指标中低的一项定级，其余指标有两项及以上不符合的则降一级。凡不符合国标规定的最低分级技术要求，有使用价值的安哥拉兔兔毛为级外毛。安哥拉兔毛中不能混有肉兔毛、獭兔毛等其他动物毛。笼黄毛、虫蛀毛、重剪毛、草杂毛、癣毛和结块毛应分拣且单独包装。不同国家兔毛分级标准见表 7-3 至表 7-5。

## 表 7-3  美国的兔毛分级标准

| 等级 | 平均长度<br>（毫米） | 色泽 | 平均细度<br>（微米） | 缠结情况 | 含粗毛<br>（%） |
|---|---|---|---|---|---|
| 一级 | 63.5～89.0 | 纯白 | 11.2 | 不缠结 | 2 |
| 二级 | 50.8～63.5 | 纯白 | 12.5 | 不缠结 | 2 |
| 三级 | 25.4～50.8 | 纯白 | 13.7 | 略缠结 | 2 |
| 四级 | 25.4 以下 | 变色 | 11.0 | 略缠结 | 2 |

## 表 7-4  德国的兔毛分级标准

| 等级 | 平均长度<br>（毫米） | 色泽 | 松散程度 | 有无脏物 |
|---|---|---|---|---|
| 一级 | 60 以上 | 纯白 | 100%全松毛 | 无 |
| 二级 | 30～60 | 纯白 | 100%全松毛 | 无 |
| 三级 | 30 以下 | 纯白 | 100%全松毛 | 无 |
| 四级 | 30 以下 | 纯白 | 无结块毛 | 无 |
| 五级 | 30 以下 | 纯白 | 结块毛 | 含有少量杂物、脏物 |
| 六级 | 30 以下 | 纯白 | 全结块毛 | 有脏物 |

## 表 7-5  日本的兔毛分级标准

| 等级 | 平均长度（毫米） | 结块情况 | 备注 |
|---|---|---|---|
| S | 76 | 无 | S、A、AB 级规定纤维达到平均长度毛的含量在 80% 以上，色净白，干燥程度较好 |
| A | 64～76 | 无 | |
| AB | 54～64 | 无 | |
| B | 25～56 | 无 | B 级毛以上的毛要求没有结块，几乎没有缠结毛 |
| C | 6～25 | 有结块 | F 级为等外级、允许有 6 毫米以下的二剪毛 |
| F | 结块 | 开松后还有结块 | |

## 二、兔毛的加工

### （一）兔毛加工存在的问题

安哥拉兔毛纤维产量是全球继羊毛和马海毛之后位居第三的动物纤维。从 20 世纪 50 年代起，中国兔毛产量一直占世界总产量的 90％以上，全球接近 90％的安哥拉兔毛纤维也都在中国加工。

兔毛纤维卷曲数少，卷曲率低，卷曲弹性较差，表面摩擦因数小，抱合力差，且纤维因存在髓腔结构而强力较低，使得兔毛纤维在加工过程中飞毛严重、成网困难，造成兔毛纤维毛条的条干不匀率下降，断头增多，导致可纺性差，这已成为阻碍兔毛纤维开发利用的主要原因。长期以来，兔毛纺织品的加工一直以短流程的粗梳毛纺为主；纺纱设备以走锭纺为主；原料以低比例混纺为主；纺纱细度为 12～16 支；产品种类以针织衫、针织裤与袜子为主。

### （二）兔毛加工的新技术进展

兔毛纤维可经过交联淀粉乳液喷淋、闷毛处理，在不破坏兔毛纤维结构前提下，使纤维表面的摩擦因素增大，提高纤维的抱合力，为提高兔绒毛纤维的可纺性等加工性能及其制品的服用性能创造了必要条件，也为解决兔毛高比例混纺甚至纯纺困难的问题提供了新思路。

低温等离子体技术由于仅作用于纤维表面，而不会改变纺织品的主体性能，已成为纺织品表面处理的通用技术。将空气作为气体源的等离子体加工技术，能增加兔毛纤维之间的摩擦和抱合性能，有助于促进纺织材料无污染化机械加工，且不会遇到静电、掉毛等问题，为安哥拉毛纺产品提供市场机会。

### （三）国内、外兔毛的加工工艺

**1. 国外兔毛的加工工艺**　同其他常用动物纤维相比，由于兔毛的物理特性，其加工难度较大。虽然基本上采用毛纺的加工路线，但是对设备及工艺都进行了调整。以流程短的粗梳毛纺路线为主，精梳毛纺及其他路线为辅。

（1）粗梳毛纺　路线为和毛—梳毛—纺纱（单纱），其中主要设备梳毛机多采用四锡林单过桥梳理机，这种设备自动化程度较高，在出机处可随时看到半成品的产量、出条速度等情况。有的在进机处还安装有放射线检测毛片厚度的自调匀整装置。在纺纱方面，国外纺粗纱几乎全部采用走锭（或立锭支架）纺纱机，该设备边牵伸边加捻，有利于纺纱条干均匀度。另外，纺纱张力小，利于加工兔毛，在纺纱过程中纱线抖动利于除杂。目前改进的纺纱设备自动化程度很高，降低了劳动强度。

（2）精梳毛纺　精梳毛纺设备适合纺高支纱，做轻薄产品。它的工艺流程很长，由原料到单纱至少有 14 道设备。精梳毛纺可用于加工优级或一级长度的兔毛，通过纯纺或混纺做高级的针织或机织产品。目前，日本、美国、意大利有该种设备，除做高档兔毛针织轻薄型内衣或外衣以及高档轻薄面料以外，其他产品很少采用这种工艺加工。

（3）其他　国外也有采用改造的棉纺设备或新型纺纱（如转杯纺纱，我国称气流纺纱），将低档兔毛加工成中低档产品。

**2. 国内的兔毛加工工艺**
（1）过去加工兔毛多以粗梳毛纺为主，但是纺纱支数较低，加工的兔毛纱线密度一般都在 83.3～55.6 特克斯，以 62.5 特克斯最多，纱支低、捻度小（一般在 380 捻/米左右），纤维在纱线中所受的控制力小，是引起产品掉毛的主要原因。粗纺工艺流程短，虽然梳毛机反复梳理兔毛，但是纱中的纤维仍不够平行顺直，还存在弯钩、弯曲以及不同方向的纤维，而羊毛纤维在混纺纱中还占有一定比例，导致在后整理及服用洗涤过程中产品易缩水。由于兔毛纤维强力低，不能适应反复的梳理牵伸，采用精梳毛纺系统加工兔毛制成率低，产品价格昂贵，也不是大量加工兔毛的方向。

（2）根据兔毛原料宜纺低特纱的特点，参照棉、毛纺纱工艺及设备的实际情况，可采用棉毛结合式工艺流程：开松混合喷雾—兔毛梳理机—兔毛并条机（两道）—粗纱机—细纱机—并捻机—络筒机（图 7-4、图 7-5）。

图 7-4　兔毛分梳设备　　　　图 7-5　并捻机

### 3. 兔毛产品的开发

（1）国外对兔毛产品的开发　有纯纺和混纺，以混纺为主。

在纺支数上，粗纺纱一般为 6～34 支，以 12～18 支较多。精纺纱一般为 40～80 支，甚至最高达到 120 支。

从产品品种上有内衣、毛衫、大衣呢、披肩、围巾、连裤袜、手套、帽子、护膝、袜子、保健用品以及印花兔毛衫、毛毯等。

从原料使用上有各种比例的兔毛纱，高比例的为50%～100%兔毛，低比例的为15%～40%兔毛，而且低比例的产品较多。其他为羊毛及化纤，如过去生产较多的721（70%羊毛，20%兔毛，10%锦纶）、631、541等。

（2）国内对兔毛产品的开发 国内兔毛加工工艺也有粗梳毛纺和精梳毛纺，以粗纺针织纱为主，兔毛衫是最主要的兔毛纺织品。其品种按兔毛含量分成低比例、高比例、纯兔毛衫几类，特别是高比例兔毛或纯兔毛加工工艺得到较大提高。粗纺兔毛纱支一般为12～18支，精纺兔毛衫纱支为32～80支，此外还有兔毛粗纺呢绒。含兔毛20%的毛感强、手感柔滑、外观漂亮，适宜作女装面料、裙料；含兔毛9%的具有轻松结构、价格较低、单重轻，外销也很受欢迎。兔毛精梳系列产品有手编绒线、精梳女式呢、精梳针织绒和精纺轻薄兔毛衫等。卫生保健用品有精纺针织内衣、运动衫、护膝、护腰、披肩等。装饰用品有毛毯、床罩等。

兔毛低级产品可采用低等级兔毛和次兔毛与棉、各种化纤、毛纺下脚料混纺加工，如兔毛棉毛衫、法兰绒、次兔毛呢绒、兔毛毯以及平纹、斜纹、提花等各种机织物。其他兔毛产品还有围巾、手套、棉絮等。

### （四）兔毛的综合利用前景

兔毛除了用作纺织品原料，在其他领域也存在可开拓的应用空间。

**1. 用作肥料及改良土壤** 对回收毛采用微生物发酵处

理后，制成片状材料或纤维状物料，可以用作植物缓释的有机肥和土壤调节剂。

片状材料可直接覆盖于土壤表面，利用其自身的吸水保水功能，能有效防止坡地或干旱地区的水土流失。这种片状材料可以极缓慢地自然降解，并能保持土壤的湿度和肥力，促进植物生长，从而进一步起到水土保持作用。

纤维材料可伴随植物种子埋入土壤中，既可作为土壤的缓释有机肥，促进植物的发育与生长，又能改善土壤微结构、增强蓄水保水能力，这对于西北干旱地区、沙漠化土地的改良极为有效。

**2. 兔毛角蛋白粉体材料的制备与应用** 以落毛等加工过程中的蛋白质纤维废弃物为原料，采用机械研磨法或金属盐法提取角蛋白并制成粉末。角蛋白粉体可作为抗氧化剂，用于防止天然橡胶氧化降解；作为脱色剂，应用于印染废水脱色；作为添加剂，用于紫外线防护霜；作为原料，制成以角蛋白为基质的多孔海绵状骨架材料。此外，角蛋白粉体经水解可以得到 18 种天然氨基酸，从中提取 L-胱氨酸，具有较高的应用价值。

**3. 用作复合材料** 利用兔毛本身的多层次结构，将其分离，并形成原纤化物质，乃至亚微米或纳米尺度的晶须状物体，以此为增强体，再造纯角蛋白的复合体或复合纤维，实现纯角蛋白纤维的制备。

# 参 考 文 献

陈胜，黄冬维，程广龙，等，2013. 国内长毛兔育种研究进展 ［J］. 中国草食动物科学，33（1）：61-67.

程相朝，薛帮群，等，2009. 兔病类症鉴别诊断彩色图谱 ［M］. 北京：中国农业出版社.

谷子林，秦应和，任克良，等，2013. 中国养兔学 ［M］. 北京：中国农业出版社.

谷子林，薛家宾，2007. 现代养兔实用百科全书 ［M］. 北京：中国农业出版社.

韩博，2001. 长毛兔饲养与疾病防治 ［M］. 北京：中国农业出版社.

黄国清，兰旅涛，2016. 草食动物生产 ［M］. 北京：中国农业大学出版社.

金华杰，2014. 养兔场几种常见兔病的病因与防治 ［J］. 养殖技术顾问（11）：78-79.

李福昌，2009. 家兔营养 ［M］. 北京：中国农业出版社.

李福昌，2016. 兔生产学 ［M］. 2版. 北京：中国农业出版社.

李福昌，刘磊，吴振宇，2016. 动物营养研究进展 ［M］. 北京：中国农业大学出版社.

李广，2011. 家畜饲料高效生产 ［M］. 赤峰：内蒙古科学技术出版社.

李广，武军元，2011. 家畜饲料高效生产 ［M］. 赤峰：内蒙古科学技术出版社.

刘长浩，2016. 规模化兔场的疫苗选择及免疫监测 ［J］. 中国养兔（6）：32-33.

刘世民，张力，等，1991. 德系安哥拉兔蛋白质维持需要量及可消化粗蛋白质利用效率的研究 ［J］. 畜牧兽医学报，22（4）：323-326.

钱庆祥，麻剑雄，张刚道，等，2011. 浙系长毛兔品种选育研究 ［J］.

长毛兔高效养殖关键技术

中国养兔（4）：19-23.

陶建勤，陈锡勇，沈丽娟，2014. 高支纯兔毛走锭纺针织用纱的开发 [J]. 毛纺科技，42（2）：11-15.

陶岳荣，陈立新，2010. 长毛兔日程管理及应急技巧 [M]. 北京：中国农业出版社.

徐铭，2016. 兔巴氏杆菌病及其防控措施 [J]. 中国畜牧兽医文摘（8）：153-154.

杨静，2017. 法系安哥拉兔品种特征特性及推广利用情况 [J]. 经济动物（2）：2-3.

杨丽萍，高淑霞，白莉雅，等，2016. 不同养毛期长毛兔年产毛性能的比较研究 [J]. 中国养兔（4）：12-14.

杨玉荣，李艳玲，陈二平，2015. 幼兔常见消化系统病的诊断与防治措施 [J]. 中国养兔（5）：39-40.

杨正，1999. 现代养兔 [M]. 北京：中国农业出版社.

于新友，李天芝，2016. 家兔疫苗免疫失败原因及预防措施 [J]. 中国养兔（4）：27-29.

张毅，刘迪，张昊，2017. 交联淀粉处理对兔毛纤维性能的影响 [J]. 天津工业大学学报，36（5）：21-26.

周维仁，2004. 兔日粮尿素氮利用机理及其应用 [D]. 南京：南京农业大学.

庄华炜，2013. 安哥拉兔毛的等离子体加工技术 [J]. 印染，39（22）：54-55.

De Blas C.，Mateos G.，1998. The Nutrition of the Rabbit [M]. New York：CABI Publishing.

NRC，1977. Nutrient Requirements of Rabbits [M]. 2th ed. Washington, D. C.：National Academy Press.

**图书在版编目（CIP）数据**

长毛兔高效养殖关键技术／高淑霞，杨丽萍主编
.—北京：中国农业出版社，2022.6
（特种经济动物养殖致富直通车）
ISBN 978-7-109-29459-2

Ⅰ.①长… Ⅱ.①高… ②杨… Ⅲ.①毛用型－兔－
饲养管理 Ⅳ.①S829.1

中国版本图书馆 CIP 数据核字（2022）第 088178 号

---

中国农业出版社出版
地址：北京市朝阳区麦子店街 18 号楼
邮编：100125
责任编辑：周锦玉
版式设计：杜　然　责任校对：沙凯霖
印刷：中农印务有限公司
版次：2022 年 6 月第 1 版
印次：2022 年 6 月北京第 1 次印刷
发行：新华书店北京发行所
开本：850mm×1168mm　1/32
印张：7
字数：170 千字
定价：29.00 元

---